《未来世界を哲学する》編集委員会［編］

未来世界を哲学する

第1巻

環境と資源・エネルギーの哲学

水野友晴
［責任編集］

上柿崇英・関 陽子・戸谷洋志・増田敬祐
［著］

丸善出版

まえがき

人類と地球にはどのような未来が待ち受けているのだろうか。前世紀から引き続くグローバル化と多元化、デジタル化、横行・拡散する核の恐怖、頻発する地域紛争や戦争、地球温暖化といった諸課題は二一世紀に入ってますます先鋭化している。資源やエネルギーの争奪競争は、大地、海洋、大気圏、宇宙の至るところで激化し、それに伴って自然破壊、自然災害、野生動植物の絶滅がさらに大きく問題化してきている。

そもそも資源やエネルギーは誰のためのもので、どのような目的から活用されるべきなのか。繁栄や幸福とはどのようになることか。それにあずかるべきは誰なのか。

環境は今日に至るまで、資源やエネルギーを産出する価値空間としてみなされてきた。例えば、成分に鉄を多く含む岩石は鉄鉱石として有用とされ、逆に僅かしか含まない岩石は鉄鉱石として有用とはみなされない。鉄を取り出すことができない岩石に至っては、鉄鉱石としては無価値なものということになる。しかしこのような価値付けは、製品としての鉄に人類が魅力を感じ、鉄を欲しいと求めることではじめて起こってくることである。

以上の簡単な例にあっても、岩石がその固有の価値を破壊され、人類が値踏みする有用性の価値に置き換えられていることは明らかであるが、それでは値踏みをやめればよいかというと、環境と人類の関係はそれほど単純な話では済まない。私たちが肉体をもって生きるものである以上、肉体を維持するためには周囲と関係し続ける必要があるからである。

一方で、値踏みは、値踏みをする側をその場所の中心に据える行為でもある。かくして世界は人類をその中心に据えた環境世界へと変貌する（環境という呼称自体、このような値踏みと人類の中央坐の結果として与えられたものである）。拡大する環境世界は値踏みの施されていなかった空間を貪欲に侵食して地球上のすべてを覆うに至り、いまや地球内外の空間や仮想空間、さらには本来主体の側に位置する筈の人類自身をも取り込もうとしている。

しかし、環境化に抗って世界や事物が反逆してくるようなことは起こり得ないのか。人類が値踏みをする主体でありつつ資源とも化すとはどういうことか。値踏みが暴走して人類と環境の両方を滅ぼしてしまうようなことは起こらないと言えるのか。私たちはいま、このような環境化のもたらす逆説を真剣に検討しなければならなくなっている。

本書「環境と資源・エネルギーの哲学」は、環境問題がどのような文脈から私たちにとって問題となってきたか、そしてこの文脈はどのような未来に私たちを導くかを正面から論じる。

第1章では、私たちの社会がすでに「地球一個分」という自然環境の容量を超えつつある可能性が高いと理解するとき、そこにいかなる選択肢が残されているのかについて検討する。とりわけ私たちが自由、平等、自立、自己決定、自己実現、多様性といった価値理念の最大化を望むとき、それは必然的に科学技術による「地球一個分」の超克という道へと私たちを駆り立てることになるかもしれない。そうだとするなら、その歴史的局面は人類史七〇〇万年の視座からどのように映るのか、またその先に待ち構えているであろう人間の未来、環境の未来とはどのようなものになりうるのかについて考察する。

第2章では生命の価値について考察する。多くの生き物の生存を環境問題は脅かしているが、だからといって人が生き物を殺さなければ解決するというものでもない。生き物を食さないことには私たちは生きてゆかれないし、環境を保全する目的からやむを得ず殺す場合もある。具体性と実効性を伴った、真の意味で生命を尊重する倫理とはどのようなものか。害獣駆除、捕鯨といった、野生動物と人とが生命をかけて対峙する現場の知識も参照しつつ、この問題を考えてゆく。

第3章では、原子力を人類は制御可能かという問題に切り込む。原子力は膨大なエネルギーをそこから得ることができる夢の技術であるが、それだけに人間の想像力を超えるところを含んでいる。想定外の事態から引き起こされる原発事故、核戦争による人類の滅亡と地球の破滅などはその例である。人間の想像力の限界を超えることがらに人類はどう対処したらよいのか。想像力を限界づけているものとは何か。人類は限界を超えてさらにその先へと進み得るのか。ハイデガー、ヤスパース、アンダース、アーレント、デュピュイといった先賢の発言に学んでみたい。

第4章では、生態系の管理者として人類は適切であるかについて検討する。生態系にとって人類はむしろ破壊者ではないかという声は、私たちは環境に対して好ましい貢献をしていないのではないか、生きているだけで環境に害をなす厄介者なのではないかというエコ不安症を引き起こしている。人類に生態系の管理者としての役割を任せられないのであるならば、何がその役割を引き受けるのか。それによって人類はどのような扱いを受けることになるのか。こうした点について考えてゆく。

以上の考察は必然的に、(人類の本質という意味での)人間とは何か、人間はどのような位置をこの世界において占めるのかという、より根本的な考察を呼び求めている。読者もまた本書を手掛かりにして、人類と環境をめぐる本質的な問題について思いを馳せていただければ幸いである。

二〇二四年八月

責任編者　水野友晴

目次

第1章 人類社会と環境の未来

——「地球一個分」問題と環境加速主義の時代

かつて環境について語ることは、一つのユートピアについて語ることであった。環境について行動することは、私たちが環境危機を引き起こしてしまった過去を反省し、人間社会を自然環境と調和した〝もう一つの社会〟へと生まれ変わらせることを意味していたのである。しかし今日、そうした語りに多くの人々は希望を見いだすことができずにいる。人心を支配しているのは、むしろ「そんなことができるはずがない」という諦めの感情や、人間中心で何が悪いのかといった開き直り、そしてさまざまな困難を前に、頼れるのは科学技術だけだという心情なのではないだろうか。換言すれば、私たちはすでに「エコ・ユートピア」という物語が、思想としては一度死んだ時代を生きているのである。

実際、今日盛んに語られるＳＤＧｓや持続可能性（サステイナビリティ）は、かつてそうであったような〝もう一つの社会〟について語る言説ではない。そこで問題になっているのは、環境問題への対応から持続的な経済成長、貧困撲滅、ジェンダー平等、労働環境の改善に至るまで、現在主流の社会正義に即した社会経済システムの微修正に過ぎないからである。そこにあるのは〝いま〟を持続させるための問題解決であって、それ以上の思想的な内実は含まれていないのである。

　注目したいのは、こうした思想の空白状況を埋めるような形で、近年一つの新しい環境思想とも呼べるものがひそかに形を成しつつあるということである。それは、現在の社会や経済の仕組みを基本的には維持したまま、科学技術の力によって地球環境を操作、管理、制御し、それを通じて「地球一個分」という自然環境の限界を乗り越えていこうとする思想である。それを本章では、**環境加速主義**と呼ぶことにしたい。環境加速主義の特徴は、社会経済システムが引き起こす問題を、そのシステムのさらなる加速化によって解決しようとする点にある。と同時に、環境加速主義は、自立、自己決定、自己実現、多様性といった人間社会の理想を最大限に高めようとする。他方で環境加速主義は、基本的には自然を破壊しない。というのも自然環境を社会環境に調和するものへと作り替え、それによって自然と人間のある種の「共生」を図ろうとするからである。

　このとき環境思想の配置図には、左側に、「エコ・ユートピア」の最後の証言者とも言うべき**脱成長主義**が立ち、中央やや左側には、環境と成長の両立を図る**グリーン成長主義**が立つことになる。環境加速主義は、その反対側、つまり右側に出現してくることになるだろう。そして筆者の見立てによれば、脱成長主義は敗北して、グリーン成長主義は吸収される形で、環境加速主義こそが勝利を収めることになる。本章が考えたいのは、その歴史的局面が何を意味するのかということである。

　そのことを考えるにあたって、本章では、いったん視点を七〇〇万年にもおよぶ人類史に向けてみよう。例えばそもそも人間とはいかなる存在なのか。またホモ・サピエンスが成立し、農耕社会が成立し、化石燃料社会が成立した後、環境加速主義へと至る人間の歴史は、どのように位置づけることができるのだろうか。そして環境加速主義は、今後私たちをいかなる人間の未来、環境の未来へと導いていくことになるのだろうか。こうした問いについて考えてみたい。

また最初に断っておきたいが、筆者はここで環境加速主義に賛同しているわけでも、それを肯定したいわけでもない。環境加速主義は、「エコ・ユートピア」への幻滅と諦めの感情が人心を支配するときに現れる。そしてその根源的な推進力が強力なものであるとするなら、私たちはその趨勢を止めることができないかもしれない。ならばなおさら私たちは、環境加速主義が勝利した未来をあらかじめ想定し、いまのうちからその準備を進めておくべきだと主張したいのである。

1　「エコ・ユートピア」の終焉と環境加速主義の時代

「エコ・ユートピア」の死

いつしかエコという言葉は古臭いものとなった。だが前述したように、環境について語ることは、かつては一つのユートピアについて語ることを意味していた。例えば読者も、以下のようなストーリーを耳にしたことはないだろうか。

人間は、人口を爆発させ、自然を人間のための道具として搾取した。科学は万能とされた。環境問題とは、そうした人間社会の驕り、そして人間のもつ際限のない欲望が引き起こしたものである。公害から生態系の破壊、気候変動、資源枯渇に至るまで、これらはすべて既存の社会のあり方が限界にきていることの現れである。このままでは人類は破滅してしまうだろう。それを防ぐためには、大量生産、大量消費に基づく現在の社会経済システムを根本的に改め、自然と調和した〝もう一つの社会〟を築かなければならない。私たちはいまや、人間のためではなく自然のため、あるいは地球のため、すべての命あるもののためにこそ行動しなければならないのである――。

そこには確かに、時代を捉える一つのイメージが共有されていた。そしてここでの〝もう一つの社会〟についても、やはり一つのイメージが共有されていたのである。例えばそれは、ローカルな土地に根ざした、地産地消のコミュニティを基盤とする社会であった。省エネや省資源、労苦を軽減する技術などは活用したうえで、人々の豊かさの基準を、スピードや効率、モノの所有や消費、貨幣的なサービスの享受ではなく、精神的なもの、例えば自然や生けるものたちとのふれあい、健康的でやりがいのある労働、地域社会における相互扶助（ケア）、レクリエーション、創造的な活動といったものに置くような社会であった。そしてそうした社会は、スピードや競争にまみれた現在のライフスタイルよりも、はるかに人間らしく、人々を幸福にすると考えられていたのである。

つまりかつては、環境について語り、行動を起こすということは、たとえ小さなものであったとしても、こうした〝もう一つの社会〟に至るための確かな一歩であるとして想像されていた。この大きな構想のことを、本章では**「エコ・ユートピア」の物語**と呼ぶことにしよう。

「エコ・ユートピア」の物語は、二〇世紀後半の人々に多大な影響を及ぼしてきた。とりわけ八〇年代から九〇年代を中心に、環境やエコロジーを冠した思想的な試みが数多く花開いていったが、こうした試みは、まさしく「エコ・ユートピア」の物語が放つ〝もう一つの社会〟へのインスピレーションによって支えられたものであった。[*1] そして時が流れ、一方ではいくつかの環境問題が実際に改善された。数多くの法的な整備が進められ、技術革新を通じて、少なくとも先進国の都市環境は劇的な形で改善されていった。しかしその反面で、「エコ・ユートピア」の影響力は失われていったのである。

その背景にはさまざまな理由があっただろう。科学技術への過信こそが環境問題の原因であるとの指摘に対して、決定打となったのは結局科学技術だったということもある。人間中心であることを断罪し、自然のため、地球のためと謳ってきたが、結局私たちはどこかで人間中心であることを避けられないということもある。ローカルな土地に根ざした暮らしは、誰にでもできるものではなく、多くの人々にとっては、結局慌ただしい日常に潤いをもたらすレジャーや趣味の次元にとどまってきたということもある。人々は高すぎる理想にかえって苦しめられ、挫折してきたとも言えるのである。[*2]

SDGsの功罪

くり返すように、私たちはすでに「エコ・ユートピア」の物語が思想としての輝きを失った時代を生きている。そして実は、そのことを暗に象徴しているのがSDGsの流行なのである。**SDGs**とは、二〇一五年に国連で採択された**「持続可能な開発目標」（Sustainable Development Goals）**の

*1　そのなかには、自然の価値論、自然（動物）の権利論、全体論的環境倫理、ディープ・エコロジー、ソーシャル・エコロジー、エコ・ソーシャリズム、エコ・フェミニズムなど多様な思想が含まれていた。詳しくは、小原ほか（一九九五）や海上（二〇〇五）を参照のこと。
*2　「エコ・ユートピア」の挫折についての考察は、上柿（二〇二三b）を参照のこと。

ことであり、そこでは人類が二〇三〇年までに達成すべき一七の目標と一六九のターゲットが定められている。もちろんSDGsに定められた目標やターゲットは、いずれも達成されるべき重要なものばかりだろう。しかしSDGsには、かつての「エコ・ユートピア」にはなかった別の問題が含まれているのである。

それは、SDGsの目指す社会像が曖昧であるにもかかわらず、その曖昧さがかえって歓迎されている部分があるということである。このことは、SDGsの中心的な理念となる**持続可能性（sustainability）**についても言うことができる。持続可能性とは何だろうか。またその概念は、何を持続させることを想定したものなのだろうか。例えばある人々は、持続可能性を、持続不可能な現代社会を変革し、存続可能な新しい社会を創造していくことを指して用いている。しかし別の人々は、持続可能性を、環境対策に配慮しつつも、自国の人々が富裕国並みの生活水準を達成していくことを指して用いている。さらに別の人々は、持続可能性を、環境問題を含む障壁を乗り越えて、いま以上の経済成長を実現していくことを指して用いている。要するにここでは、「持続可能性が大事ですね」といって握手をしながら、人々の脳裏にはまるで異なる世界が思い描かれているのである。

SDGsでは、その曖昧さの傾向がさらに顕著になっている。そこでは環境問題、経済成長、貧困撲滅に加えて、ジェンダーや労働環境に至るまで、現在の社会正義に根ざしたものなら、すべてがSDGsであるかのように語られている。そしてこのことが疑問視されないのは、そこで重視されているのが、異なる立場の人々をできる限り連帯させるということだからである。皆が一致して進んでいる気になれるのであれば、潜在的な対立や矛盾は、ここでは大した問題だとは見なされない。またここでは個別的な問題としては焦点化されても、それがなぜ問題なのか、またその問題を解決することにいかなる意味があるのか、といった点にほとんど関心が払われない。言い換えれば、ここでは問題解決それ自体が目的となっているのである。そしてこれらのことは互いに結びついていると言えるだろう。表面的な一体感ばかりを求めるからこそ、問題解決以上のものには無関心となり、逆に問題解決以上のものに無関心だからこそ、立場の違いに潜む矛盾が気にならなくなるのである。

先に筆者は、ＳＤＧｓの流行こそが「エコ・ユートピア」の終焉を象徴していると述べた。「エコ・ユートピア」の物語にとって重要だったのは、あくまで〝もう一つの社会〟を実現することであった。そこでは個別的な問題解決は、目的を達成するための手段であった。しかしＳＤＧｓでは、その手段こそが目的となっている。つまりここには、〝もう一つの社会〟への思想的な構想力が完全に抜け落ちていると言えるのである。それゆえその試みは、環境対策や社会経済システムの微修正を伴いつつも、結局は、可能な限りの経済成長の持続と、より多くの人々を富裕国に準じた生活水準へと引き上げていくことへと収斂することになる。[*3] それにもかかわらず、時代はＳＤＧｓの全盛期を迎えている。このことは、まさしく「エコ・ユートピア」の没落を示唆しているのである。

「地球一個分問題」とは何か

しかしそれの何がいけないのか、と感じる読者もいるかもしれない。たとえＳＤＧｓや持続可能性

＊3　持続可能性概念の問題点については、上柿（二〇二一）を参照のこと。

概念が環境思想として不完全であったとしても、それで結果的に人々の行動がより環境や人権に配慮したものになるのであれば、それでいいのではないかということである。ところがそうは言っていられない事情がある。

このことを考えるために、**「地球一個分問題」**というものについて考えてみよう。まず、地球が有限のものであることは誰もが知っている。そして私たちは、有限なもののなかで何かが無限に拡大することなどありえないということも知っているだろう。ならば、私たちがこの惑星に生きる存在である限り、私たちは「地球一個分」を超えて存在することはできないということになる。では実際のところ、人類社会がもたらす環境負荷は、地球環境の容量に対してどの程度の水準にあるのだろうか。

そのことを感じさせる研究がある。ある研究によれば、人類が生みだす人工物、例えばコンクリートや骨材（砂利など）、レンガ、アスファルト、金属、プラスチックなどの総量は、二〇世紀初頭には生物総重量の三％に過ぎなかったものの、二〇二〇年頃になって、ついにその総重量を上回ったというのである。[*4] 私たちは、その規模もさることながら、それがわずか一〇〇年の間に引き起こされたものであるということに驚かされるだろう。ただしこれだけでは、人間由来の人工物がいかに巨大であるのかということ以上のことは見えてこない。そこでいくつか別の指標についても見てみよう。

例えば、プラネタリーバウンダリーという指標がある。[*5] プラネタリーバウンダリーとは、地球環境を安定した状態のままに保つための限界値のことで、その限界値を超えてしまうと、環境に急激な変化が生じて二度ともとの形には戻らなくなることが示されている。例えば気候変動は、当初は人間活動に由来するものであったとしても、ある限界値を超えてしまうと、複雑な要因が絡み合い、やがて人間の手を離れて後戻りできない急激な変動へと進展してしまう可能性がある。研究者たちによれば、こうした高い不確実性をもたらす限界値が、ほかにも窒素／リンの生物地球化学的循環の破壊、生物多様性の破壊、土地利用の変化、新規化学物質、オゾン層の破壊、大気エアロゾルの負荷、海洋の酸性化、淡水の消費といった局面においても存在している。そして私たちは、このうちすでに生物地球化学的循環の破壊と生物多様性の破壊において限界値を超え、気候変動と土地の利用変化においても危険な水準に達している可能性が高いのだという。

もう一つ、エコロジカル・フットプリントという指標についても紹介しておこう。[*6] エコロジカル・フットプリントは、特定の人々の生活を成立させるために必要となる資源の量を、耕作地、牧草地、森林地、漁場、CO_2吸収源（気候変動をこれ以上進行させないために余分に必要となる土地）、生産能力阻害地の合計として表したものである。その値は、平均的な生産力を持つ土地一ヘクタールを意味するｇｈａ（グローバルヘクタール）によって表現され、現実に存在する土地面積は限られていることから、両者の比較によって環境負荷を推測することができる。注目したいのは、全生物生産力

＊4　Elhacham, Ben-Uri, Grozovski, et al., 2020. を参照のこと。

＊5　ロックストローム&クルム（二〇一八）を参照のこと。

＊6　ワケナゲル&リース（二〇〇四）および、グローバル・フットプリント・ネットワークのウェブサイト（https://data.footprintnetwork.org/）を参照のこと。ただし近年、世界のエコロジカル・フットプリントは、ますますその大きな部分をCO_2吸収源が占めるようになってきている点には注意が必要である。CO_2吸収源の扱いをめぐっては異論もあるが、いずれにしても現代的な生活を支えるにあたって、一人あたりの割当面積があまりに小さいという事実は変わらない。

一二一億ｇｈａを世界人口八〇億で割ると、一人あたりの割当面積が約一・五ｇｈａと算出されることである。これは現存する生物生産力を全人類で均等に分けた際、一人の人間が使用可能な土地面積のことを表している。ところがグローバル・フットプリント・ネットワークによれば、二〇二二年の時点で、平均的な米国人一人あたりのエコロジカル・フットプリントは七・五ｇｈａ、日本人一人の場合でも四・〇ｇｈａに及ぶとされ、割当面積との間には著しい乖離がみられる。つまり世界的な格差をなくし、八〇億人全員が富裕国並みの生活水準を達成するためには、地球一つでは到底足りなくなるということである。

以上のことから見えてくるのは、人類社会が、すでに「地球一個分」の容量に近いか、その容量を超えてしまっている可能性が高いということである。そして「地球一個分問題」とは、仮に人類社会がそのような状態にあると仮定するとき、私たちはその状況とどのように向き合っていくのかという問題にほかならない。先に筆者は、ＳＤＧｓが個別的な問題解決以上のことには無関心であると述べた。しかし以上のことには、私たちがこの「地球一個分問題」を解決しない限り、本当の意味での持続可能な社会に至ることなど不可能だということが示唆されているのである。

脱成長主義、グリーン成長主義、そして環境加速主義

ここで改めて、現在の環境思想の配置図について考えてみよう。これまで私たちは環境思想を整理する際、もっぱら二つの対抗軸を用いてきた。それは「人間中心か、そうでないか」、そして「（主にＧＤＰによって測られる）半永続的な経済成長を許容するか、そうでないか」である。[*7] しかし本章が

中心に据えたいのは、あくまで「地球一個分問題」への向きあい方である。

まず、ここで左側に位置するのは、**脱成長主義（degrowth）**と呼ばれる思想である。[*8] 脱成長主義は、「地球一個分問題」が生じた原因を、成長を絶えず求める現在の社会経済システムにあると理解する。そして根本的次元において環境問題を解決し、世界的な格差や不平等をなくしていくためには、成長せずとも存続可能な新しい形の社会経済システムへの変革が不可欠であると考える。最低限の所得を国家が保障するベーシックインカムへの言及や、資本主義社会の根幹をなす私的所有への批判など、論者によって論点の差異はありつつも、そこで想定されている社会像は、おおむね「エコ・ユートピア」の構想と同じであると言って良い。つまり精神的な豊かさ（well-being）を重視する、ローカルな土地に根ざしたコミュニティ社会である。それは、突出してしまった人間社会を再び自然環境に埋め戻す試みであり、まさしく「エコ・ユートピア」の最後の証言者であるとも言えるのである。

もっとも脱成長主義は、環境言説のなかでは必ずしもメジャーな存在ではない。人々からより多くの支持を集めているのは、中央やや左側に位置する**グリーン成長主義（green growth）**である。[*9] グ

＊7　「人間中心か、そうでないか」はエコロジー思想が提起した対抗軸で、「半永続的な経済成長を許容するか、そうでないか」は脱成長主義とグリーン成長主義の間に引かれた対抗軸である。このうち前者は「エコ・ユートピア」の物語が没落したことで、今日ほとんど意味をなさなくなっている。

＊8　その代表的な主張は、ラトゥーシュ（二〇〇〇）、斎藤（二〇二〇）である。加えて【読書ガイド】のカリスほか（二〇二一）についても参照のこと。

リーン成長主義の最大の特徴は、環境問題の解決と経済成長とが両立できると考える点にある。「地球一個分問題」に即して言うなら、「地球一個分」の限界を想定しながらも、経済成長と環境負荷の問題をいったん切り離し（デカップリング）、国家や国際機関による政策誘導（グリーンニューディール）を通じて、一定規模での経済成長を実現しつつ、「地球一個分」への適応は十分可能だと考える立場だと言うことができる。ただし脱成長主義の側から見ると、グリーン成長主義は矛盾を含んだ中途半端な思想である。なぜならグリーン成長主義は、一方では、目指す社会像として自然エネルギーを中心としたエネルギー転換だけでなく、長期的にはしばしばコミュニティや相互扶助（ケア）など脱成長主義と類似した方向性を掲げていながら、他方では、なぜそれが無限に成長し続ける現在の社会経済システムと共存可能なのかについて、十分な説明がなされていないと理解されるからである。

しかしこのいずれとも異なる第三の立場が、近年ひそかに形をなしつつあると考える。それが、本章において**環境加速主義（environmental accelerationism）**と呼ぶ思想、すなわち現在の社会経済システムを基本的には維持したまま、科学技術の力によって地球環境を操作、管理、制御し、それによって「地球一個分」という自然環境の限界を乗り越えていこうとする思想にほかならない。それは配置図でいうなら、グリーン成長主義を挟んで脱成長主義の反対側、つまり右側に出現することになるだろう。ただしこの用語には注意が必要である。それは加速主義（accelerationism）という言葉が、しばしば差別や暴力、優生主義的な主張とも結びつけて論じられる場合があるからである。[*10] そうした主張は、本章とは無関係である。本章が注目したいのは、むしろ加速主義の議論のなかに、資本主義社会のもたらす問題を、資本主義社会そのものの変革ではなく、資本主義社会の加速化によって解決しようとする立場が存在することである。つまりこの新たな思想の根底には、「エコ・ユートピア」などどうせ幻想に過ぎない、そして私たちが〝もう一つの社会〟という出口になどたどり着けないとするならば、発想を逆転させ、むしろ社会経済システムがもたらした「地球一個分問題」を、そのシステムのさらなる徹底化、さらなる加速化によって乗り越えていけばいいのではないか、という着想が流れている。だからこそ本章では、それを〝環境 - 加速主義〟と呼びたいのである。

ここで、環境加速主義の特徴について整理しておこう。まず環境加速主義は、科学技術を用いて、現在私たちが享受している経済的、社会的繁栄を持続させようとする。ただしそれは、単なる物理的

＊9　ＳＤＧｓやグリーンニューディールに好意的な人々の大半が、この立場に属する。他にもディクソン＝デクレーブほか（二〇二二）の場合、終着点としては脱成長主義と似たビジョンを掲げつつも、ぎりぎりのラインにおいて地球の有限性への適応と経済成長の調停を図ろうとしており、その点において、本章ではグリーン成長主義として位置づけられる。

＊10　現代思想において加速主義は、Ｎ・ランド（二〇二〇）を中心とした右派加速主義と、そこから批判的に別の道へと向かった左派加速主義とに大別される。しばしば差別や暴力、優生主義的な主張と結びつくのは右派加速主義の方であり、環境加速主義が結びつくのは左派加速主義の方である。とりわけＮ・スルニチェクとＡ・ウィリアムズ（二〇一八、二〇一五）は、資本主義社会を加速させ、科学技術を推し進めることによって、労働時間を大幅に削減し、オートメーションとベーシックインカムに支えられたある種のユートピアを建設できると主張しており、その意味において環境加速主義と最も親和性が高いと言える。ただしその出発点にある「エコ・ユートピア」への幻滅と諦めの感情、そして行きつく先としてのさらなる技術的な特異点という点に着目するなら、そこには右派加速主義との接点もないとは言い切れないということには注意したい。なお、筆者が環境加速主義という概念を提起するにあたって、吉岡篤司氏との対話が一つの契機となったことについても、ここでは付け加えておきたい。

な富や利便性、効率の拡大にとどまらない。そこではそれ以上に自立、自己決定、自己実現、多様性といった、社会的に共有されている価値理念を具現化していくことが目標となる。その意味において、環境加速主義は究極の人間中心主義である。と同時に、格差を固定化ないしは拡大させるようなイデオロギーでもなければ、富裕層や産業界の独善的な利益を代表するようなイデオロギーでもない。前述したような差別や暴力、優生主義的な主張とは、むしろ正面から対立する立場である。環境加速主義は、その人間中心的な価値理念の実現に立ちはだかるものがあるとするなら、それが気候変動であろうと、不平等や格差だろうと、その障壁を克服しようとする。その意味においては、ある種の変革思想であるとも言えるのである。

また環境加速主義は、基本的には自然破壊を行わない。このことは、かつての開発主義や科学技術万能主義が、無秩序かつ無計画に、繰り返し環境破壊を行ってきたこととは大きく異なる点である。環境加速主義は、むしろ「地球一個分」を強く意識する。社会の脱炭素化や、プラネタリーバウンダリーの存在にさえ気を配る。ただしそれは、あくまで自然環境に介入し、自然環境を操作、管理、制御していくためである。脱成長主義が、突出した社会経済システムを再び「地球一個分」に埋め戻す試みだとするなら、環境加速主義は、社会経済システムに適合するよう「地球一個分」を作り替える試みだと言えるだろう。[*11] 後に詳しく見るように、環境加速主義は、自然環境そのものを社会経済システムに包摂する。それによって自然と人間の、ある種の「共生」さえ実現させるのである。

そして前述したように、筆者の見立てによれば、この先**脱成長主義は敗北し、環境加速主義こそが勝利する**ことになる。なぜ脱成長主義は敗北するのだろうか。その理由は第4節において詳しく説明しよう。結論だけ述べるのなら、脱成長主義は、その未来像に根源的な不可能性を含んでおり、人々は結局それを望まないか、あるいは望みたくとも望めないということになるからである。

では、現在多数派を占めるグリーン成長主義はどうなるのだろうか。実は、その行く末をまさに暗示しているのがＳＤＧｓや持続可能性概念なのである。前述したように、そこには問題解決以上の視点が欠落している。それゆえその試みは、環境対策や社会経済システムの微修正を伴いつつも、結局は可能な限りの経済成長の持続と、より多くの人々を富裕国に準じた生活水準へと引き上げていくことへと帰着するのであった。しかし冷静に考えてみてほしい。有限な「地球一個分」のなかで、なぜ何かが無限に成長し続けられるのだろうか。私たちの社会がすでに「地球一個分」の容量に近いか、すでにそれを超過している可能性が高いのならば、そのゴールを実現させる唯一の方法は、科学技術によって「地球一個分」の容量そのものを操作し、人為的に拡張していく以外にないということになるはずである。このことは、ＳＤＧｓや持続可能性概念が、潜在的には環境加速主義と地続きであるということを明確に示している。つまりグリーン成長主義の〝良いとこ取り〟は長くは続かず、なし崩し的に環境加速主義へと傾いていく。そしていずれは後者に吸収されてしまうと予想されるのである。

＊11　このことは、これまで見てきた三つの環境思想が「地球の有限性に適応する」と述べる際、その内実はまるで異なるものになりうることを示唆している。例えば脱成長主義は、それを文字通り「地球一個分」の社会を創造するという意味で用い、グリーン成長主義は、それを地球環境とのバランスを保ちながら成長するという意味で用い、環境加速主義は、それを「地球一個分」を克服するという意味で用いる、といった具合である。

2　人類社会と環境の構造

人新世と、人類史七〇〇万年という視座

私たちは、おそらくそう遠くない時代に、環境加速主義が勝利する姿を目の当たりにするだろう。本章が考えたいのは、こうした事態が人間の未来、環境の未来にいかなる意味をもたらすのか、そしてこの歴史的局面が、いまを生きる私たちにいかなる問いを投げかけているのかということである。

このことを見ていくにあたって、本章では、いったん視点を七〇〇万年の人類史というスケールにまで拡大させてみよう。例えば私たちの祖先は、およそ七〇〇万年前にチンパンジーと別れ、その後いくつかの重要な転機を経ながら今日にまで至った。言ってみれば、その到達点の一つが今日の「地球一個分問題」であり、環境加速主義の勝利という出来事だからである。

その点から言えば、**人新世（Anthropocene）**という概念は、きわめて環境加速主義的なものだと言える。[*12] 人新世とは、私たち人類がその甚大な影響力によって、一万年前から続く完新世とは異なる、まったく新しい地質年代をもたらしたとする概念である。前述したように、人類が生みだす人工物の総量は、わずか一〇〇年の間に生物総重量を上回る規模にまで拡大したとされている。とりわけ第二次大戦後の半世紀あまりは、あらゆる指標において人類の影響力が急激に上昇した時代であり、まさしく**大加速（great acceleration）**と呼ぶに相応しいものであった。想像してみてほしい。もしもこの先人類が絶滅して後、人類以外の知的生命体が誕生して、私たちと同じように地層の発掘を

行ったと仮定しよう。すると彼らは、ホモ・サピエンスというたった一生物種によって生みだされた大量の堆積物を含んだ地層を発見し驚愕するに違いない。人新世という概念には、こうした事態を引き起こした〝人類〟とは、そもそもいかなる存在なのかという問いが含まれているのである。

環境とは何か、人間とは何か

では改めて、人間とはいかなる存在なのだろうか。この古典的な問いについては、これまで高度な道具製作や、抽象的な思考能力といった側面から語られる場合が多かった。しかし本章では、まったく別の側面に着目してみたい。それは人間のみが、自然環境を土台に、もう一つの人工的な環境を創りあげ、それを次世代へと継承していく能力を備えているということである。[*13]

このことを理解するために、改めて環境とは何かということから考えてみよう。**環境（environment）**とは、もともと何らかの主体を想定した際に、その主体をめぐり囲んでいる外界のことを指す概念である。生物にはそれぞれ固有の環境世界があり、たとえ同じ場所を共有していても、それぞれにとっての環境世界は必ずしも同じものではない。例えば聴覚が発達したコオロギ（昆虫）と、視覚が発達したトンビ（鳥類）とでは、同一空間であったとしても、環境世界としての意味合いは大き

＊12　人新世概念とそれをめぐる論点については、ボヌイユ&フレソズ（二〇一八）を参照。

＊13　この節における環境と人間をめぐる考察は、【読書ガイド】に記載の上柿（二〇二一）において以前詳しく論じたものである。関連するものとして、小原（二〇〇〇）も参照のこと。またこの節での人類史についての基本的な知見については、ボイド&シルク（二〇一一）を参照のこと。

く異なってくるということである。また一般的に生物には、進化の過程で想定された固有の生態環境というものがある。例えば飛膜を用いて滑空するムササビは、森林という環境と結びついており、長い首を持つキリンは、サバンナという環境が結びついているようにである。

ところが人間の場合は、事態が大きく異なっている。例えば人間は、道具や衣服、住居など、さまざまな形で人工物を発達させ、いかなる環境にも適応することができる。一般的な生物が、身体の一部を遺伝的に変容させることで環境に適応するのに対して、人間は人工物を創出し、人工物を媒介させることで環境に適応することができるからである。そして多くの人工物は、互いに結びついて独自の環境世界をつくりだす。例えばさまざまな道具が、互いに結びついて居住空間をつくりだし、家々が互いに結びついて、大きな街をつくりだすようにである。人間は、自然環境を土台にして、いわば人工物からなるもう一つの環境の層を創りあげるのである。

この人工的な環境のことを、本章では**「社会環境」(social environment)**と呼ぶことにしよう。そしてこの「社会環境」には、大きく二つの特徴がある。第一に、「社会環境」には、道具や装飾品、建築物など目に見えるものだけでなく、言語や思想、価値理念、法、社会制度といった目に見えないものまでが含まれている。実際、日本で育った人間が日本語を話し、外国で育った人間が外国語を話すのは、こうした目に見えない言語環境が「社会環境」の一部として機能しているからである。そして第二に、「社会環境」には、世代を越えて受け継がれ、その過程で膨張/蓄積していくという性質がある。太古の石器から世界遺産の建造物、そして今日のサイバー空間に至るまで、そこには途切れることのない「社会環境」の連続性がある。このことが示しているのは、七〇〇〇万年の人類史が、ある面ではまさしく「社会環境」の膨張／蓄積過程の歴史として理解できるということである。

人類史における特異点

では、七〇〇万年の人類史において、こうした「社会環境」は、いつ、どのようにして成立してきたものなのだろうか。最初の手がかりとなるのは、およそ三三〇万年前頃とされる最古の石器が見つかっていることである。人類は二足歩行の開始以来、数百万年をかけて多様な系統に分岐していった。そしておよそ二〇万年前になって、そこから現生人類であるホモ・サピエンスが成立してくる。このことは、最も原始的な「社会環境」の膨張／蓄積過程が、ある面では生物学的なヒトの成立よりもはるか以前から、先行する別種の人類によって開始されていた可能性があることを示しているのである。

もっとも「社会環境」の膨張／蓄積過程がはっきりとした形をなすのは、やはり現生人類の成立以降である。とりわけ重要なのは、およそ七万年前の文化革命と呼ばれる時期だろう。というのもこの時期を境に、石器以外の多様な道具、住居、装飾品といった遺物が大量に出土するようになるからである。本章にとって重要なのは、少なくともこの時期までに、前述した「社会環境」の基本構造、すなわちそのなかの目に見える要素（道具や衣服、装飾品、建築物など）と、目に見えない要素（言語や思想、価値理念、法、社会制度）とが確実に成立したと言えることだろう。[*14]

---

*14　ただし近年、約四万年前まで現生人類と共存していたネアンデルタール人が制作したとされる装飾品が見つかっており（ボイド&シルク 二〇一一）、こうした能力は、実は現生人類以外にも備わっていた可能性があるこ

そして次に着目したいのは、ここから今日に至る歴史過程のなかで、「社会環境」が膨張／蓄積していく仕組みそのものが大きく変容した、特異点とも呼べるタイミングが二回あったということである。

第一の特異点は、およそ一万年前に生じた農耕社会の成立である。農耕とは、社会の主軸となる食料生産を、農地という、それ自体で人間によって管理された人工生態系によって達成することを意味している。つまり、移動しながら自然環境にあるものを直接利用するのではなく、特定の動植物を人工的な「社会環境」の一部として取り込み、管理していくのが農耕である。農耕社会とは、そうした仕組みを基盤に据えた、まったく新しい社会様式を意味していたのである。

農耕社会は、人間社会に、富の所有や社会の階級化といった新しい要素をもたらした。しかしそれ以上に重要だったのは、巨大な都市を中心として、さまざまな知識や技術が、農耕以前の社会とは比較にならないスピードで蓄積されるようになったことである。それまで「社会環境」は、自然環境の表層を覆う薄皮のようなものに過ぎなかった。それがいまや、広大な農耕地、荘厳な建築物、体系化された神話や知識などを含む分厚い層をなすものとなったのである。

そして第二の特異点は、およそ二〇〇年前に生じた化石燃料社会の成立である。化石燃料社会とは、社会の基盤となる動力源を、石炭、石油、天然ガスといった化石燃料へと置き換えた社会のことを指している。それまで社会の動力源は、水力、風力、畜力、そして圧倒的に人力が中心であった。そのことを思えば、このことがいかに多くの変化を人間社会にもたらしたのかということが分かるだろう。実際、鉄道、自動車、飛行機、電化製品、プラスチックなど、化石燃料の使用という出来事がなければ、今日私たちの生活を支えるほとんどのものは存在しなかったことになるからである。

だが実のところ、化石燃料社会が変容させたのは、従来の自然環境と「社会環境」の関係性そのものでもあった。まず前述したように、化石燃料以前の社会は、自然エネルギーによって制限された社会であり、それはいかに巨大なものであったとしても、土台となる自然環境の限界を超えることはできなかった。ところが化石燃料は、太古の生物に由来する有機物が長期にわたって変成したものであり、採掘できればした分だけ、その膨大なエネルギーを用いて「社会環境」の膨張／蓄積に利用することができる。このことは後に定常状態という概念を用いて再度説明することにしたいが、結論だけ先取りしておくなら、その結果として化石燃料社会は、自然環境の論理を無視したまま、人間の都合によって無限に成長していくものとなった。言い換えれば、このとき以来「社会環境」は、自然環境からの歯止めを失い、半ば独立した形で振る舞うようになったのである。

「地球一個分問題」の出現と、化石燃料社会の持続不可能性

こうして、私たちが生きる現代という時代が訪れた。化石燃料を使用することによって、「社会環境」の膨張／蓄積過程は、またもやそれ以前の時代とは桁違いのスピードへと加速していった。人新世を論じる人々が捉えた二〇世紀の〝大加速〟とは、まさしくこの化石燃料社会が成熟していく姿だったのである。しかし私たちが生きているのは、この化石燃料社会がもたらした矛盾が頂点に達し

とが示されている。

た時代でもある。第1節で見てきたように、私たちの社会は、すでに「地球一個分」の容量に近いか、その容量を超えてしまっている可能性が高い。ここで私たちは、改めて人類がなぜ「地球一個分問題」に直面することになったのか、そして化石燃料社会が抱えている本質的な持続不可能性がどこにあるのかということについて考えてみることにしよう。

手がかりとなるのは、先に触れた定常状態（steady state）と呼ばれる概念である。[*15] まず、化石燃料を基盤とした社会は、土台となる自然環境から半ば独立してはいるが、それは決して完全な意味での独立ではない。私たちの社会は、たとえどれほど巨大なものであったとしても、巨視的に見れば、地球生態系の外部ではなく、内部に存在しているからである。事実、私たちが使用している多くの資源は、もともとは自然生態系が生産したものである。同様に、私たちが廃棄している多くの物質は、自然生態系が物質循環を成立させることによってはじめて浄化される。定常状態とは、このとき私たちが使用している資源、および廃棄している物質の量が、自然生態系に備わった生産力、および浄化能力の容量に収まっていることを表す概念なのである。

化石燃料以前の社会は、言ってみればこの定常状態の枠組みを前提とした社会であった。確かにいくつかの文明は、このバランスを崩すことによって、結果として滅んでいっただろう。しかし化石燃料社会は、動力源そのものを採掘した分だけ使用できる化石燃料に置き換えたために、もともと自然生態系にはなかった、新たなエネルギーの通路を定常状態のなかに持ち込むことになった。つまり化石燃料社会は、本来想定されていないエネルギーを大量に使用することによって、本来使用できない大量の資源を消費し、大量の物質を移動させ、それに相応しい廃棄物をもたらす社会を成立させたのである。ところが大量に消費される資源の量が自然生態系の生産力を上回り、大量に排出される廃棄物の量が自然生態系の浄化能力を上回るとき、それらは現実の社会において資源枯渇や環境汚染となって現れてくる。例えば私たちが直面している気候変動とは、人間由来の温室効果ガスが自然生態系の浄化能力を超えて蓄積された、まさしく環境汚染の一種だとも言えるのである。

つまり、これまで「地球一個分問題」という形で見てきたものは、こうした性質を備えた化石燃料社会が、地球生態系との間にもたらした軋轢であると言うことができる。それは、化石燃料の使用によって「社会環境」が自然環境から半ば独立し、自然環境の論理を無視する形で膨張／蓄積を重ねてきた結果だと言えるのである。そして人類は、つい最近までこのことに気がつかなかった。それは第二の特異点以来、「社会環境」の膨張／蓄積スピードがあまりに速すぎたからでもあるだろう。

また以上のことから、私たちは化石燃料社会の持続不可能性が、単純に化石燃料の枯渇や気候変動の出現を指すわけではないということを再認識することができる。問題の本質は、化石燃料社会が定常状態を破壊し、地球生態系との間に絶えず軋轢を生みだし続けるものだからである。言い換えれば、今日再生可能エネルギーを基盤とした社会が求められているのは、単純に資源枯渇や気候変動への対策が必要だからなのではない。この社会を定常状態により近い形に戻していくこと、それによってこそ、私たちは真の意味での持続可能な社会に到達できると考えられているからなのである。[*16]

＊15　デイリー（二〇〇五）を参照のこと。

＊16　このことは、原子力や核融合をめぐる一つの誤解を解いてくれる。それらはしばしば温室効果ガスを出さないという意味においてクリーンエネルギーと呼ばれているだろう。しかし定常状態の理論からすれば、両者は化石

3　人間の未来、環境の未来

「地球一個分問題」と脱成長主義

さて、以上を通じて本章では、人類史七〇〇万年のスケールから「地球一個分問題」の背景について詳しく見てきた。ここからは改めて、第1節において、脱成長主義は敗北し、環境加速主義こそが勝利すると述べてきたことの意味について深く掘り下げていくことにしたい。

まずは、脱成長主義の方から考えてみよう。前述のように、脱成長主義は「地球一個分問題」の原因を、成長を求める社会経済システムにあると理解し、そのうえで、環境問題と不平等の根源的な解決のためには、成長せずとも存続可能な新しい社会経済システムの構築が必要であると考える思想のことであった。私たちはここで改めて気づくことができるだろう。実はこの脱成長主義こそが、「社会環境」の膨張／蓄積過程の末に、化石燃料社会がもたらした持続不可能性を正面から受け止め、「地球一個分」、すなわち定常状態に根ざすような、真の意味での持続可能な社会を目指そうとする試みであったということにである。このことを踏まえるのなら、脱成長主義こそが未来への希望だということにはならないだろうか。しかし人間の未来は、おそらくその方向には進まないのである。

脱成長主義はなぜ敗北するのか

最初に着目したいのは、脱成長主義が掲げる社会像の問題についてである。前述のように、それは

「エコ・ユートピア」の物語から引き継がれた、ローカルな土地に根ざした地産地消のコミュニティ社会であった。脱成長主義が、自らのシンボルとしてしばしば〝カタツムリ〟を使用するように、その社会においては、確かに技術的な発展速度はペースダウンしていくだろう。だがそれは、必ずしも技術を放棄して原始生活をするということではなかった。省エネや省資源、労苦を軽減する技術などは活用したうえで、人々の豊かさの基準を、スピードや効率、モノの所有や消費、貨幣的なサービスの享受ではなく、精神的なもの（well-being）、すなわち自然や生命とのふれあい、健康的でやりがいのある労働、地域社会における相互扶助（ケア）、レクリエーション、創造的な活動などにシフトさせるというものであった。

もちろんこれだけ聞けば、その社会像は必ずしも悪いものではなさそうである。それで「地球一個分問題」が解決するのなら、私たちはその社会を歓迎すべきではないだろうか。しかしここには、考察しておくべき重要な問題が含まれている。それは、脱成長社会が本当に成り立つためには、私たちがさまざまな局面において隣人同士の相互扶助（ケア）、すなわち「助け合い」を前提とした生活を受け入れなければならないということである。確かに、「助け合い」自体は決して悪いことではない。また半世紀前の人々は、事実こうした隣人関係をあたり前に受け入れていた。問題となるのは、プライベートな時空間を保障され、何にでも自己決定できることがあたり前になってきた現代の人々

燃料をそっくり置き換えただけのものに過ぎない。つまり生態学的に本来想定されていないエネルギーを使用し、資源を消費し、物質を移動させ、廃棄物をもたらす点は化石燃料と何ら変わらない。原子力や核融合を使用するだけでは、ここで見てきた化石燃料社会の本質的な矛盾は解決されないのである。

に、はたしてそれが可能なのかということである。

脱成長を支持する人々は、しばしば世界が脱成長に向かわない原因を、経済成長によって恩恵を受ける一部の富裕層や産業界、すなわち権力側が抵抗しているからだと考える。また、仮に人々が脱成長を支持しないとするなら、それは人々が、経済成長によってこそ幸福になれるとする古い価値観に染まりきっているからだと考える。しかし本章では、事態をまったく異なる角度から理解する。例えば隣人たちから気遣われ、助けられるということは、私たちにも隣人たちを気遣い、助ける義務が生じるということを意味するだろう。そしてこの半世紀あまりの間、私たちの社会は、一人ひとりがローカルな人間関係に左右されない、個人として自立した生活を送ることができるようにと、ある面では自ら進んで貨幣的なモノやサービスを充実させてきた。脱成長主義が目指しているのは、実のところこのサイクルを逆転させ、人々の生活様式をふたたびローカルな人間関係へと埋め戻すことでもあるのである。

この問題の難しさを、ここでは「おにぎりの比喩」という思考実験を通じて考えてみよう。想像してみてほしい。ここに「コンビニのおにぎり」だけで成立する世界と、「手作りのおにぎり」だけで成立する世界とがあるとする。「コンビニのおにぎり」の世界では、人々はおにぎりを直接作らずに、代わりに規格化されたおにぎりを製造するための機械を管理し、その対価としてお金をもらう。お金はかかるが、品質の安定したおにぎりを自分の好きなときに、誰にも気兼ねせずに食べることができる。これに対して「手作りのおにぎり」の世界では、誰もが自分の裁量でおにぎりを作ることができるが、あくまで隣人たちとの交換を前提とする。お金はそれほどかからないが、例えば自分の渡したおにぎりは相手を満足させられるものだったのか、作ってくれた相手へのお礼の仕方は適切だったのかなど、とにかくあらゆる場面で人間関係に気をつかわなければならない。ここから想像されるのは、現代社会を生きる少なくない人々にとって、「手作りのおにぎり」は、想像している分には好ましいものの、本当に実践するというのなら――相手が家族や親友、恋人など自身が好意を持つ特別な人間である場合を除いて――余計にお金や労力を支払ってでも「コンビニのおにぎり」の方を選択するのではないかということである。

本来「助け合い」は好ましいことであるにもかかわらず、しばしば私たちはそれを困難であると感じてしまう。それはなぜなのだろうか。それは私たちが、すでに市場経済、行政機構、インターネットからなる高度に発達した社会システムのもと、生きるための必要物を隣人たちからではなく、社会システムから調達していること、そしてそれが当然となった世界を生きているからである。その個人化した社会、あるいは〈自己完結社会〉とも呼べる状況においては[*17]、それなりの収入が得られ、社会システムからモノやサービス、情報を得られるのであれば、人々はあえて人間関係の負担やリスクを受け入れてまで、隣人たちと何かを実践しようとは思えない。つまり人々は、そこで「共同行為の不可能性」とも言うべき事態に直面しているのであって、そこでは「手作りのおにぎり」に象徴されるローカルな人間関係や、それを基盤とした「助け合い」は忌避されてしまうのである。

また意外にも、こうした傾向はＳＤＧｓに含まれる諸々の社会正義とは矛盾していない。前述のよ

*17 〈自己完結社会〉の分析については、【読書ガイド】に記載の上柿（二〇二一）を参照のこと。

うにSDGsでは、より多くの人々が、富裕国水準の物質的な豊かさのみならず、人間としての尊厳を保障されていくことが目指されていた。だが、そのための自立、自己決定、自己実現、多様性といった価値理念を具現化するために必要なのは、地域社会での「助け合い」ではなく、むしろ個人化された時間や空間をよりいっそう充実させてくれる高度な社会システムの整備、そしてそのシステムを支えるための経済成長だと言えるからである。[*18]

要するに、私たちは脱成長主義が描く未来社会を結局は望んでいないし、前述した「共同行為の不可能性」によって、私たちはそれを望みたくても望むことができないのである。興味深いのは、この状況が、環境加速主義の一歩手前にあるとも言えることである。なぜなら皆が「手作りのおにぎり」を忌避するのであれば、ここでいっそのこと「手作りのおにぎり」を全面的に廃止して、徹底的に「コンビニのおにぎり」だけで人々が生きられる世界を築いてはどうか、という発想が出てきたとしても何ら不思議はないからである。ここでの「コンビニ」とは、モノやサービスや情報を提供することによって、個人化した人々の生活を支える社会システムのことを指している。そしてその社会システムが障害に直面しているのであれば、私たちはその障害が、たとえ「地球一個分」に由来するものだろうと、それを徹底して取り除いていかなければならないと考えるはずだからである。

したがって人々が、たとえ環境加速主義を選択するのだとしても、それは人々の私利私欲や際限のない欲望によってなされるではない。それは「共同行為の不可能性」と、ある面では社会的に望ましいとされる価値理念がもたらす圧力によってなされるのである。つまり私たちが自立や自己決定、自己実現、多様性といった価値理念を極大化しようとするからこそ、結果として「地球一個分」では足りなくなる。そして私たちは、環境加速主義を選択せざるをえなくなるのである。

環境加速主義の展開過程

ここで再び、環境加速主義について考えてみることにしよう。第1節で見たように、環境加速主義とは、現在の社会経済システムを基本的には維持したまま、科学技術の力によって地球環境を操作、管理、制御し、それによって「地球一個分」という自然環境の限界を乗り越えていこうとする思想のことであった。ここではこの先環境加速主義が、具体的にどのような形のもとで現実社会に出現してくるのかということについて考えてみたい。

まずその兆候は、近年急速に発達してきた**ジオエンジニアリング（geoengineering）**と呼ばれる技術領域において見ることができる。[*19] ジオエンジニアリングとは、気候変動への対応として、温室効果を抑制するために、人間が直接気候システムに介入していく技術のことを指している。具体的には、論争を巻き起こした成層圏エアロゾル注入技術にはじまり、低層雲の反射率増加、鉄散布による海洋

＊18　ＳＤＧｓが体現しているように、人々が望んでいるのは、社会経済システム自体を転覆させて極端な平等をつくりだすことではない。あくまでシステムに微修正を施しながら、機会や選択肢の平等を保障し、より多くの人々が時代の求める標準的な生活に到達できることであるだろう。

＊19　ジオエンジニアリングの代表的な技術については杉山（二〇一一）、および【読書ガイド】に記載のコスティゲン（二〇一二）を参照のこと。ジオエンジニアリングにはもちろん未知のリスクが潜在している。しかしその推進者たちの脳裏にあるのは、おそらくリスクを恐れて何も*し*な*い*ことのリスクの方がよほどに懸念すべき事態であるという認識である。

肥沃化、二酸化炭素捕集装置（直接空気回収）などが知られているが、なかでも注目できるのは、発電所などから排出されるCO_2を海底や地下深くに閉じ込めるCO_2貯留技術（CCS）である。なぜなら大気中のCO_2を吸収して育ったバイオマスを燃料として用いれば、理論上は発電と同時に大気中の炭素を除去することが可能となるからである。[*20]

もちろんこうした技術は未だ発展途上の段階にあり、現段階では気候変動対策のなかでも補助的なものとしてしか位置づけられていない。しかし仮にこうした技術が、今後大規模に確立していくとするならどうだろう。例えば次のように考える人々がでてきても何ら不思議ではない。私たちが気候システムに直接介入してそれを操作することができるのなら、はたして私たちは、今日さまざまな犠牲を払ってまで脱炭素社会への移行を急ぐ必要はあるのだろうか。自立や自己決定、自己実現、多様性といった価値理念をいま以上に具現化できるのであれば、むしろ私たちは積極的に気候システムに介入しつつ、堂々と化石燃料を活用していってはどうだろうか、といったようにである。つまり環境加速主義がもたらす未来は、状況次第では脱炭素社会でさえない可能性があるのである。

だがそれ以上に重要なことは、近い将来地球生態系が、私たち人間を拘束する絶対的な存在であるとは見なされなくなる可能性があるということである。むしろ惑星全体が、あたかもエアコンの完備されたオフィスのように、都合良く操作、管理、制御可能なものとして認識されるようになるかもしれない。そしてそのとき私たちは、地球生態系の要求に人間をあわせていくことをやめ、代わりに人間の要求に地球生態系を合わせていく道を選択するだろうということなのである。

ただしジオエンジニアリングと並んで、もう一つ注目すべき技術領域がある。それは近年**ポスト**

ヒューマン（posthuman）とも呼ばれ、急速に進んでいる人体改造や脱身体化に関わる技術領域である。[*21] 例えばそこでは、人工臓器や遺伝子治療にはじまり、エンハンスメント（能力強化）や老いの治療、そして脳と機械を接続し、念じるだけで機械のアームなどを自在に動かすことができるブレイン・マシン・インターフェイスといった技術が研究されている。また、遠隔操作可能なロボットアバターを用いて、自宅にいながらロボットアバターで仕事をするという選択肢や、大規模な三次元デジタル空間であるメタバースを活用して、VRアバターとなって社会生活を行うといった選択肢が注目されている。こうした技術が象徴しているのは、いずれも生まれ持った生物学的な身体や、身体に由来するさまざまな条件が、この先私たちを拘束する絶対的なものであるとは見なされなくなる可能性があるということである。言い換えれば、私たちは見た目や属性などを含めて、技術の力によって、自分自身のあり方をますます自己選択、自己決定できる世界へと進みつつある。そしてその方向性は、社会的に共有された一連の価値理念とも完全に一致しているのである。

確かにこうした人体改造や脱身体化に関わる技術は、一見環境加速主義とは無関係のもののように

---

*20　CO_2貯留技術（Carbon dioxide Capture and Storage）は、国内でも二〇一二年から北海道苫小牧市で実証実験が行われており、貯留したCO_2を有効活用するCCUSも注目されている。詳しくは資源エネルギー庁のウェブサイト（https://www.enecho.meti.go.jp/about/special/johoteikyo/ccs_tomakomai.html）を参照のこと。バイオマスの成長には制約があるものの、例えば海藻類――光合成効率で陸上生態系をはるかに上回り、食糧資源とも競合しにくいとされる――を品種改良のうえ人為的に栽培し、バイオ燃料として活用するといった方法も考えることができるだろう。

*21　以下のポストヒューマンの科学技術と脱身体化の問題については上柿（二〇二四）を参照のこと。

も見える。しかし考えてみてほしい。環境とは、もともと何かの主体をめぐり囲んでいる外界のことを指す概念であった。ならば私たちが地球という外的な環境に介入して、その制約から解放されていくのと同じように、私たちが身体という内的な環境に介入して、その制約から解放されていくことは、原理としては同じのものだと言えないだろうか。つまり環境加速主義は、一方では外的な環境問題としての「地球一個分」を克服しようとし、他方では同じ原理に基づいて、内的な「環境問題」である身体の不都合をも克服しようとするということなのである。

「第三の特異点」としての自然環境の包摂

第2節で見てきたように、人間にはもともと、自然環境を土台として人工的な「社会環境」を創りあげ、それを次世代へと継承していく能力が備わっていた。人間の歴史とは、その意味において、膨張／蓄積していく「社会環境」の歴史そのものでもあったのである。それでは、こうした環境加速主義もまた、その歴史の延長線上にあるものだと考えて良いのだろうか。

前述のように、第二の特異点となった化石燃料社会の成立は、化石燃料の使用を通じて「社会環境」が半ば自然環境から独立し、大加速時代とも呼ばれる「社会環境」の急激な膨張／蓄積過程をもたらした。私たちが普段、環境問題と呼んでいるものは、実はこうした化石燃料社会のもたらす「社会環境」と自然環境の軋轢のことを意味するのであった。これに対して、環境加速主義の場合はどうだろうか。これまで見てきたように、環境加速主義は自然環境の論理ではなく、あくまで人間社会の価値理念を優先する。その点において、環境加速主義は化石燃料社会との間に明らかな連続性がある。ただし一点だけ、大きく異なる部分がある。それは第1節でも言及した自然環境の〝包摂〟という論点、すなわち自然環境を無視して破壊するのではなく、自然環境を「社会環境」に適合するものへと作り替え、それによって自然と社会のある種の「共生」を実現させるということにほかならない。

この「社会環境」による**包摂**（**inclusion**）とは何だろうか。実はその原型となるのは、〝農地〟や〝庭園〟や〝自然保護区〟である。前述のように、農耕とは、食料生産を目的とした人工生態系の創出と管理を意味していた。だが庭園もまた、その本質は人工生態系の創出と管理にあると言えないか。違いがあるとすれば、それは前者の目的が食料生産という実用的なものであるのに対して、後者の目的は、人間にとって快適で、理想的と思える空間を演出するというところである。注目したいのは、原生自然の保存を目的としている自然保護区であっても、その本質とするところは似ているということである。自然保護区の生態系は、個体数の管理はもとより、外来種の駆除を含めて、厳密な意味では自然ではない。それは人間が望ましいと思う〝手つかずの状態〟を人為的に作りだすことを目的とした、それ自体、操作、管理、制御の対象となる環境だからである。

要するに、環境加速主義が目指しているのは、こうした農地や庭園や自然保護区の特性を高度に融合させ、それを外的環境としての地球全体に、そして内的環境としての身体に、より大規模に、より精密に、より徹底した形で適用させていくということなのである。かつて化石燃料社会は、自然環境と「社会環境」の間に深刻な軋轢を生みだした。しかし環境加速主義は、自然環境を作り替え、自然環境を「社会環境」に包摂することによって、その軋轢そのものを解消させる。すなわち〝破壊の時代〟から〝包摂の時代〟へ――この転換を「第三の特異点」と呼ぶとするなら、その頂点にある人間の未来、そして環境の未来とはどのようなものになるのだろうか。思い切って言おう。そのとき地球生態系は、社会システムと融合した巨大な生物機械となり、同時に巨大な「農地」でもあり、「庭園」でもあり、「自然保護区」でもあるかのような何ものかとなる。そして身体は、ロボットアバターやVRアバターと切り替え可能な、それ自体で一つのアバター（身体アバター）に過ぎないものとなる。それらはいずれも、意のままにならない絶対的な存在、あるいは〝他者〟としては消失し、代わりに私たちの理想、私たちの価値理念を具現化していくための単なる舞台装置となるのである。

ヒューマニズムの彼岸

以上を通じて、本章では、環境加速主義がもたらす人間の未来、そして環境の未来について考察してきた。ここでもう一つだけ踏み込んでおきたい論点がある。それは、私たちの未来にこれほど大きな影響をもたらす環境加速主義が、いったいいかなる原動力によって突き動かされているのかという問題である。[*22] ただし、その一般的な回答についてはすでに見てきた通りである。すなわち環境加速主義の原動力は、ＳＤＧｓにも体現されていた、あの自立、自己決定、自己実現、多様性といった価値理念がもたらす圧力にほかならない。ここで考えたいのは、そうした価値理念をめぐって強力に働く圧力そのものが、いったい何に由来するのかという問題である。

実は一連の価値理念の背景には、一つの世界観が存在する。本章では、その世界観のことを**ヒューマニズム（humanism）**と呼ぶことにしたい。[*23] 一般的にヒューマニズムとは、ルネッサンス期以降の西洋世界で形成された、人間の可能性と尊厳を重視する思想のことを指している。弱者の救済を求める人道主義もまたヒューマニズムと呼ばれることがあるが、本章が注目したいのは、あくまで四〇〇年あまりにわたってそこで貫かれてきた一つの世界観についてである。そしてそこには、人間についてのある強力な信念が含まれていた。すなわち人間は、とりわけ理性の力を通じて、さまざまな拘束から自分自身を解放することができる。そして人間の使命とは、そうした力を駆使することで、思い描いた理想の社会をこの地上に具現化していくことにある、とする信念にほかならない。

こうした意味でのヒューマニズムは、歴史的には、ユダヤ＝キリスト教の伝統的な人間観がギリシャ哲学の影響のもとで変質することによって誕生した。もともとユダヤ＝キリスト教の伝統では、人間とは、愚かさから罪を犯し、神に許しを請うことでしか救われないような弱く儚い存在でしかなかった。しかしギリシャ哲学では、真理を読み解く力としての理性が評価されており、これが神の似

＊22　人類史七〇〇万年の道程から見ると、環境加速主義は、一見環境改変を続けてきた人類の必然的な方向性のようにも見えるかもしれない。しかし人類には、「地球一個分」の社会を目指すという道も同じように開かれていた。私たちを環境加速主義へと向かわせるのは、あくまで「共同行為の不可能性」と、ヒューマニズムの世界観に由来する価値理念の力にほかならない。

＊23　ヒューマニズムをめぐっては、これまで西洋思想の内部においてもさまざまな議論が存在してきたが――代表的なものとしてＦ・ニーチェやＭ・ハイデガー、Ｊ＝Ｐ・サルトル、Ｍ・フーコーによるものなどが知られているが、例えばグレイ（二〇〇九）は本章の問題意識とも重なる議論を行っている――本格的な整理は別稿に譲りたい。ここで言えることは、本章で提起した逆説や矛盾を真に乗り越えていくためには、私たちはユダヤ＝キリスト教の伝統にまで遡り、その世界観が成立する過程の深淵に触れ、そこで新たな解釈を試みなければならないということである。＊24、＊29および上柿（二〇二三ａ）も参照のこと。

姿を与えられたとする人間の地位を大きく向上させたのである。真理を読み解く力とは、まさしく神の目線から世界を掌握する力にほかならない。仮に人間がそうした力を持つ唯一の存在として創造されたのなら、そこには特別な使命が与えられていると考えるべきだろう。そしてそれは、与えられた理性を正しく行使すること、加えて神の偉大さを証明し、神の意図を正しく読み取ることで、世界をあるべき形に正しく導いていくことに違いない――こうした解釈が広く共有されていったのである。

このヒューマニズムの世界観は、一八世紀の西洋哲学のなかで、自由の思想としても開花していった。そして世界史においては、こうした思想がまさしく政治的に抑圧された人々を解放し、民主的な社会制度を築きあげていく原動力にもなってきた。人間は生まれながらにして自由であり、自身の人生を自分自身のものとして生きることができる。仮に社会がそれを許さないのであれば、それは社会の方が間違っているのであり、私たちはそのような社会をあるべき形に正していかなければならない。ヒューマニズムには、そうした否定と啓蒙のエネルギーが宿されている。そしてその血脈は、奴隷制の廃止から、女性の解放、そしてＳＤＧｓに至るまで（あるいは近年の動物の解放をめぐる議論においてさえ）、一貫して流れていると言えるのである。

ヒューマニズムは、現実の外部に存在する理念に即して、現実の方を作り替えようとする。とはいえそのエネルギーは、最終地点としていったい何を目指しているのだろうか。それはおそらく、すべての人間が自由や平等、あるいはこれまで繰り返し見てきた、自立、自己決定、自己実現、多様性といった価値理念を決して毀損することなく、互いに究極的な調和を実現している世界である。そのとき人類は、そうした調和を可能とするような主体、すなわち「普遍的な人間」とでもいうべき何ものかに到達していなければならない。そしてその主体形成を進めるにあたって、もしも地球生態系が障害となるなら、地球生態系は作り替えられなければならないし、あるいは身体が障害となるのなら、身体もまた作り替えられなければならないのである。

ここで私たちは気づかされるだろう。かつて人類社会の発展を促してきたのは、飢餓や災害、戦争など、命の危険を伴うわざわいから「社会環境」を防衛しようとする人々の意思であった。そして化石燃料社会が成立したとき、その動機ははじめて人が単に生きるためではなく、より良い生活を手に入れるためのものへと変化した。環境加速主義においては、その原動力はヒューマニズムの世界観として全面化する。より直接的に言おう。環境加速主義とは、実のところ、先の「普遍的な人間」をこの世界に具現化させるためのプロジェクトにほかならない。すなわち環境加速主義とは、実はヒューマニズムそのものなのである。[*24]

---

*24 前述のように、科学技術を通じた脱身体化は、これまで人間として想定されてきた前提を解体させるという意味においてポストヒューマンとも呼ばれ、なかでもそれを積極的に進める立場はトランスヒューマニズム（trans-humanism）と呼ばれてきた。この一文に込められているのは、それらも結局はヒューマニズムの派生物に過ぎないのではないかという問題提起である。そしてこのことには、もしも私たちがヒューマニズムの理想をこの先も求め続けるのなら、私たちは必然的にポストヒューマン時代に向かわざるをえなくなり、あるいは必然的にトランスヒューマニストとなり、さらには環境加速主義を肯定しなければならなくなるのではないか、という問題提起をも含まれているのである。

4 おわりに――それはユートピアなのか？ それとも？

以上を通じて本章では、〝もう一つの社会〟を目指した「エコ・ユートピア」の終焉を振り返ることからはじめ、脱成長主義の敗北と環境加速主義の勝利という歴史的転換点が意味することについて、さまざまな角度から考察を行ってきた。

とはいえ疑問が残る読者もいるだろう。例えば本章は、環境加速主義が導く未来についてあれこれ論じたが、そもそものプロジェクトは本当に成功するのだろうかと。確かにこのことは一度考えてみる必要がある。というのも、ジオエンジニアリングの実践を含め、私たちが科学技術を用いて「地球一個分問題」を克服できる保障など、実際にはどこにもないからである。

環境史の分野には、「イースター島の寓話」とも呼べる有名なエピソードが存在する。[*25] イースター島は南米チリの沖合にある小さな島で、かつては豊かな植生に支えられた巨石文明が存在していた。それにもかかわらず、部族間で祭祀の競争が加熱し、その過程で大量の森林を伐採して植生を破壊した結果、文明の崩壊を自ら招いてしまったとされるエピソードである。確かにイースター島での出来事は、そのままグローバル社会を生きる今日の私たちにあてはまるようにも見える。私たちが「地球一個分問題」を解決できないということは、イースター島においてかつての島民が直面したのと似た運命を、今度は私たちが地球規模で体験することになるということを示唆しているのである。

だが、環境加速主義のプロジェクトは失敗することはなく、見事に成功するかもしれない。冒頭で示したように、筆者は必ずしも環境加速主義に賛同しているわけでも、それを肯定したいわけでもない。むしろ心情的には脱成長主義に共感する部分がありつつも、その不可能性を重く受け止めるがゆえに、私たちは好むと好まざるとにかかわらず、環境加速主義が勝利し、そのプロジェクトが成功を収めた世界の到来を想定し、いまのうちから準備を進めておくべきだと主張したいのである。環境加速主義は、「エコ・ユートピア」への幻滅と諦めの感情が人心を覆い尽くすそのときにこそ、首をもたげて静かに立ち上がる。私たちはそのことをくれぐれも忘れるべきではないのである。

また、次のように考える読者もいるかもしれない。本章では、私たちが「手作りのおにぎり」ではなく「コンビニのおにぎり」によって成立する世界を選択すると述べたが、はたしてそれは本当なのだろうかと。確かに世の中には、「手作りのおにぎり」によって成立する世界を本気で目指し、日々具体的な実践を積み重ねている人々がいる。そして筆者は、そうした人々の実践が間違いなく称賛されるべきものだと考える。しかし同時に、それを成功させられるのは、よほどの意思と行動力とを兼ね備えた一部の人々だけであって、それをすべての人々に求めるのは不可能であるとも思う。事実、私たちは今日ますます友情や愛情の矛先を、身近な隣人たちにではなく、インターネットやステージの向こう側にいる何ものかに向けるようになってきており、そのためのコンテンツや商品、サービスなどが日々山のように量産されている。はたして私たちは、その流れに逆らうことができるのだろうか。

＊25　ポンティング（一九九四）、および上柿（二〇二二）を参照のこと。ただしその解釈には異論もある。

それよりも注目すべきなのは、このことに含まれている壮大な逆説の方ではないだろうか。第2節で見てきたように、人間が「社会環境」を創出する能力を獲得したのは、おそらく厳しい自然環境のなかで自ら生き残っていくためであった。言い換えれば、私たちの祖先は、単に技術を向上させるためだけではなく、より大きな集団として物事に立ち向かう能力を高めるためにこそ、「社会環境」を創出する能力を獲得してきたはずなのである。ところがその「社会環境」の膨張／蓄積過程の先に、その子孫たちは、高度な社会システムによって互いにつながり、直接的な「助け合い」を忌避する社会を築きあげた。これは考えてみれば不思議なことではないだろうか。私たちはすでに、ヒューマニズムが目指したはずの価値理念、すなわち自立、自己決定、自己実現、多様性が一定程度具現化された世界を生きている。しかしその理想が具現化すればするほどに、私たちはある面では「共同行為の不可能性」に直面してしまうのである。

これまで見てきたように、環境加速主義は、惑星や身体を価値理念に相応しい形に作り替え、自然と社会のある種の「共生」さえも実現する。私たちが考えておくべきことは、その未来がはたして文字通り〝ユートピア〟なのかということである。本章では踏み込まなかったが、そのフロンティアには当然、宇宙空間も入ってくることになるだろう。「アルテミス計画」などは、そのほんの始まりに過ぎない。[*26] もしも地球が巨大な生物機械に過ぎないのだとしたら、宇宙空間に巨大な「農地」＝「庭園」＝「自然保護区」を築きあげることも、それを月や火星に築きあげることも、理論上は可能だからである――はたして未来の子どもたちは、それを見て「なんと素晴らしい大自然だろうか」と感激するのだろうか。

またその先にある世界とは、成長、発展し続ける社会経済システムを中心として、不確実性をできる限り排除した世界なのかもしれない。そこでは汚い、臭い、痛い、といったネガティブな要素が最小限に抑えられ、美しく、望ましく、快適で、安定した形で、自然と人間、あるいは人間と人間が「共生」している。そしてそこには、ありのままの姿を装いながらも、ベルサイユ宮殿の前庭のごとく毒を抜かれた偽善的な世界、あるいは私たちが意のままにならないと考える不都合、そしてあらゆるノイズが除去された、「純粋で」、「綺麗で」、「優しい」世界が広がるだろう。[*27]

だがもし、環境加速主義の根源的な原動力がヒューマニズムであるとするなら、私たちがそれに由来する価値理念を希求し続ける限り、私たちは必然的に環境加速主義へと向かうということにもなるはずである。脱成長主義やグリーン成長主義がこのことに無関心を貫く姿は、もはや奇妙を超えて衝撃的ですらある。そして筆者はこうも思う。ヒューマニズムが目指す究極の人間であるところの「普遍的な人間」とは、いったい何ものだったのだろうか。それは身体から完全に解放された、精神体としての人間なのではなかっただろうかと。それを「思念体」と呼ぶのであれば、なるほど「思念体」は身体を持たないがゆえに自由であり、平等である。それぞれの自己決定と自己実現によって個性を

＊26　「アルテミス計画」（Artemis program）は、米国を中心に進められているアポロ計画以来の有人月面着陸計画のことで、その射程の先には月面経済の確立と、有人火星探査が控えている。詳しくはＮＡＳＡのウェブサイト（https://www.nasa.gov/humans-in-space/artemis/）を参照のこと。

＊27　ポストヒューマン時代の科学技術が進展するなかでの〝ノイズの除去〟をめぐる問題については、吉田（二〇二一）を参照のこと。

選択し、曇りのない多様性を実現できるだろう。[*28] 例えば私たちが、生命維持装置に繋がれた脳だけとなり、生活の舞台を完全にメタバースのなかに移したとしよう。そうすれば私たちは、もしかすると「思念体」そのものになれるかもしれない。あるいは「普遍的な人間」そのものにである。[*29] だがそれは、はたして人間と呼びうるものなのだろうか。

思えば七〇〇万年の人類史のなかで、私たちの祖先が「社会環境」を創造したとき、そしてそれを次世代へと継承する能力を獲得したとき、その原理が後になってどのような世界をもたらすのかなど、生物学的に想定されてはいなかったに違いない。私たちは二一世紀のこの歴史の瞬間を生き、その証人として、移り変わる時代の転換点をいままさに目撃しているのである。

＊　＊　＊

【読書ガイド】

・上柿崇英『〈自己完結社会〉の成立——環境哲学と現代人間学のための思想的試み』上・下、農林統計出版、二〇二一年〔解題〕本章が第2節で言及した環境と人間の関係性についての考察は、同書の第2部で展開した理論がもとになっている。またあわせて筆者が過去に発表してきた著作や論文の大部分は、筆者ウェブサイト（https://kyojinnokata.mokuren.ne.jp/）や筆者ｎｏｔｅ（https://note.com/kyojinnokata）から閲覧することができるので参照してみてほしい。

・J・カリス、S・ポールソン、J・ダリサ、F・デマリア『なぜ、脱成長なのか——分断・格差・気候変動を乗り越える』上原裕美子、保科京子訳、NHK出版、二〇二一年〔解題〕脱成長主義をめぐる文献のなかでも読みやすく、脱成長主義の基本的な問題意識から、バルセロナで試みられている実践についても触れられている。本章では、脱成長主義は固有の不可能性を抱えており、環境加速主義に敗北するだろうと論じたが、読者はこれをどのように読むだろうか。

・T・コスティゲン『地球をハックして機構危機を解決しよう――人類が生き残るためのイノベーション』穴水由紀子訳、インターシフト、二〇二二年〔解題〕ジオエンジニアリングについて一般向けに書かれた解説書。本章ではジオエンジニアリングは、環境加速主義の基盤となる技術領域の一つとして位置づけられている。読者はこれを見て、環境加速主義に対する〝絶望〟を見いだすだろうか、それとも〝希望〟を見いだすだろうか。

＊28　「思念体」の概念については、上柿（二〇二四）を参照のこと。

＊29　本書の第4章を担当している増田敬祐であれば、次のようにも言うだろう。私たちが身体を捨てることは、むしろ「環境にやさしい世界」にとっても好都合かもしれないと。なぜなら、そこでは生命維持装置を動かす電力を除いて、環境負荷を大幅に削減することができるようになり、さらには生きるために無闇に動植物を殺す必要もなくなるからである。つまり私たちが環境保護を達成し、動物の権利を実現したいと願うのであれば、そのための最良な方法は、意外にも環境加速主義に立って環境を改変し、私たち自身も「思念体」になることだとも言えるのである。私たちは、このヒューマニズムをめぐる逆説にこそ目を向けるべきだろう。詳しくは増田（二〇二〇）も参照のこと。

第2章　野生動物倫理
——獣害問題から考える

「動物倫理が動物を苦しめる」——シカやイノシシ、サル、クマなどの野生動物による甚大な被害の対策にかかわる人であれば、苦悩と危機感をもってこの矛盾の意味を理解されるであろう。動物倫理が動物を苦しめるとは、人間や自然生態系などに被害をもたらす野生動物の捕殺（捕獲と絶命をあわせた行為を指す。一般的には「捕獲」とよばれる）に対する抗議や非難が、被害対策の遂行を社会的に鈍らせ、さらなる被害の深刻化を招き、結果として捕殺せざるをえない野生動物の数を増やし続けるという二重の危機的現状を指している。そしてこれが、科学的知見や技術だけでは克服できない、そして現代の動物倫理でも十分に対応できない、今日の獣害問題が抱えている哲学・倫理学的な難題なのである。動物と人間との軋轢が高まれば、「狩猟」という営為をいっそう有害鳥獣捕獲や個体数調整のための道具的手段に変質させてしまう。つまり動物個体の利害だけを見て、獣害問題の根源的要因をみないままの動物殺害の否定は、動物殺害を問題解決の手段に利用する新たな暴力に与することでもあるのだ。人間のいかなる理念や都合も、野生動物という自然を前にしては容易に通用しない。最初にこのことを、私たちは意識に深く刻んでおかなければならないだろう。

ただし今日の獣害の甚大さからして、環境倫理の生態系中心主義（生態系全体のバランスを重視する考え方）や正義原理（利害の平等をはかること）などをあてがえば、科学的根拠とともに捕獲の正当化は可能である。しかし学術的な正当化が可能であるとしても、捕獲頭数とは「誰かが負わざるをえない殺生の数」であり、現場で自らの手で捕獲や殺生に携わらなければならない人々の苦悩が、それで軽減されることはない。人間側が命を落とすこともありうる作業の中で、犠牲になる動物の運命に同情し、「ごめんな」「悪かったな」と感じる負い目を必ずどこかにみな抱いているからである。しかしこうした負い目を抱えているところに、周囲の人々から「動物を殺している悪い人」「残酷」という言葉を、時に子供や孫からもあびせられる。こうして「自分の仕事が理解されていない」「学者さんはほんとうの動物倫理をわかっていない」「動物倫理が問題解決の邪魔になる」と訴える現場の声や苦悩もいっそう募ってゆく。

たしかにそうなのだ、野生動物と共生するためには、動物殺害という暴力を否定することはできない。しかし暴力を否定しないことは、暴力を肯定することと同じではないのである。むしろ、暴力が不可避であっても暴力の肯定はできない。そして暴力を肯定できないという意識は、ひるがえって「動物を殺さなくてすむ共生」への意欲につながっているのではないか。つまるところ、否定するでも肯定するでもない曖昧な倫理のあり方が、自然との関係性に求められる人間側の意識であり、未来世界のために探究しなければならない新たな哲学・人間学の課題であると考える。人間が身体をもって生活を営むかぎり、直接的・間接的にも他の生命や自然への暴力を免れることはできない。この不条理世界に求められる倫理は、不可避の暴力や犠牲をどのように受けとめるべきかを問い、あるべき人間の生き方を模索し、暴力の責任をいかに引き受けるかの指針や心構えを「生きる意味」のうちに掴んでいることではないか。

なお現代の獣害問題の発生要因には、近現代における社会の構造や生活スタイルの変化が大きく関係している。端的にいえば、「人間と自然との切り離し」や「かかわりの喪失」である。私たちが石油製品や電気やガスを当たり前に利用する以前は、食糧や燃料となる資源を採取する場としての里山があり、牛馬の餌や肥料をつくるための採草地も広がっていた。人間生活が自然に深く根ざしていたことで、里山や農地で活動する人間の数も多く、野生動物は奥山に生息して滅多に人間世界にやってくることはなかった。

しだいに人間が自然に依拠した生活を送らなくなると、狩猟者が里山に立ち入る機会も減少し、野生動物の活動範囲が人間生活圏のそばまで近接してゆく。今日では高齢化や人口減少も相まって、野生動物を山へ押し返す力も残されていない。野生動物は耕作放棄地や空き家に棲みつき、簡単に手に入る農地の作物や放任果樹などを食べ、個体数をさらに増やしてゆく。私たちが一度手にしたスマートフォンを簡単に手放すことができないように、野生動物も便利で快適な人間の生活圏を離れられなくなる。野生動物が人間の生活圏に現れるのは、森が破壊されてすみかを失ったせいではなく、私たちが自然とのかかわりを手放したことによる。野生動物からみれば、干渉してこない人間ほど都合のよいものはないのである。

つまり現代の獣害問題は、都市と農村の分離や、人間と自然を切り離す疎外的近代や合理主義的近代がもたらした一つの病理である（関 二〇一五）。したがって、野生動物に対する人間のふるまいを動物倫理として考えてゆくとき、目の前の動物個体の利害だけを見るのではなく、現象の根源的要因は何か、対象や現象の先に何がつながっているか、といったこともよく見なければならない。「人間と自然との切り離し」が獣害問題の根源的要因であれば、「いのちの価値」だけでなく「いのちといのちの関係性の価値」を共によく把握しておくことが、自然と人間の共生の価値的基盤になるだろう。本章では以上を〈野生動物倫理〉というテーマのもとに考察してゆきたい。最初に現代の動物倫理を理論的特徴などから整理し、捕鯨業をめぐる倫理観の対立にも着目する。そこから〈野生動物倫理〉のモデルを示し、最後に「ためらい」の感性についても試論したい。

1　近代倫理学に基づく動物倫理

「動物とのかかわり」についての道徳的な教えや慣わしは、人間生活をとりまく自然環境の違いなどを背景に、文化や宗教などに応じて世界中に古くから存在してきた。動物と人間は一つの霊魂や神に由来すると考える民族信仰もあれば、動物と人間は異なる役割をもって創造されたと考える宗教もある。動物の存在をどのように捉えているかで、「動物と人間は平等に扱われるべき」や「人間が管理や支配をしなければならない」といった態度が具体的に決まってくる。広義の意味での動物倫理は、宗教や文化、自然環境とそこでの生業の違いなどに応じて多元的なあり方をしている。今日に広く影響力をもつ「動物の権利」という考え方も、こうした多元的な動物倫理群の一部から誕生してきたものである。ただし動物の権利論には、西洋近代哲学のほか自然科学の成果（客観的事実）も根拠に加えられており、一定の理論的普遍性が担保されている点に特徴がある。

この「動物の権利」という考え方が今日まで影響力をもつきっかけとなったのは、一九七〇年代以降に高まったアメリカ、イギリスを中心とする「動物の権利運動（animal rights movement）」である。とくにP・シンガーの『動物の解放論』（一九七五年）とT・レーガンの『動物の権利擁護論』（一九八三年）は、ともに「動物の権利運動」を支える哲学的根拠を与えたことで、動物実験や工場畜産への抗議行動が大きなうねりとなって展開した。一九七〇年代は世界大戦やベトナム戦争への批判から、非暴力や平和、弱者の権利や民主主義への関心が高まった時期で、「動物」や「自然」に対しても平等や権利の意識が拡大した時期である。また環境問題をめぐる初めての大規模な国際会議「国連人間環境会議」（一九七二年）では、それまで欧米では産業と戦争を支える「資源」でしかなかったクジラが、新たに「環境保護のシンボル」としての役割も担った（森田 一九九四）。

このように、欧米圏で構築されてきた動物倫理と環境倫理には、「道徳的資格の拡張」という共通した理論的方策がある。「拡張主義」と評されるこの考え方は、ある存在が道徳的な配慮を受けるべき人間の「道徳的共同体」に属することが示されれば、その存在は価値的にみて尊重されなければならない、というものである。つまり人間だけがもっていた権利を、自然や動物に拡張させて適用する方法である。そこでシンガーは、動物が人間と同じ道徳的共同体に属していることを示すため、動物が人間と同等に「苦しむことができる」点に着目し、またレーガンは「動物は欲求や感情、知覚や記憶にかんする能力や信念をもつ」として、動物への配慮や尊重の必要性を説いた。なおシンガーの主張は功利主義に、レーガンの主張はカント主義に則っているように、どちらも近代倫理学を代表する理論に依拠している。近代倫理学の哲学的特徴は、「私（主体）」や「個」を基準としていること、人間に特有とされてきた意識や感情など、精神のはたらきに価値を置いていること、そして合理主義的であるということである。逆にいえば個性に対する「共同性」や、理性に対する「身体」といった価値は十分に評価されていないことになる。

また快苦の感受能力、欲求や感情、自己意識といった、自然主義的・生命主義的な根拠に基づく権利論は、何らかの客観的方法で苦しみや痛みを確認することができるという理由から、後に示す「機能としての権利」と比較すると、実在するものを根拠とする「実体としての権利」であるということもできる。

2　動物の権利論の難点

自然主義的・生命主義的な根拠から動物が人間の道徳的共同体に組み入れられると、動物も「生きる権利」や「身体を傷つけられない権利」をもち、人間は彼らの保護や配慮の要請に応える義務が生じてくる。しかし、すでに多く指摘されているように、動物の権利論は理論的には様々な難点がある。

例えば「アーバン・ベア」（佐藤 二〇二一）となったヒグマが人間を襲撃して捕食することを、クマの「生きる権利」のもとに正当と認めることができるだろうか。ヒグマの権利のために人間の権利は侵害されてもよいとなれば、そもそも権利論がもつカント以来の人間の尊厳についての根本命題を破綻させ、「絶対不可侵」という権利論の規範的意義を損なうことにもなる。もちろん今日の動物倫理はこの難点をふまえつつ発展してきており、一言で動物倫理といってもその主張や立場にはかなりの幅がある。

現代の動物倫理をあえて大きく分類すると、人間による動物利用を前提としている動物倫理（代表として動物福祉論）と、動物の利用そのものを批判的にみる動物倫理（代表として動物の権利論）との二つに分けることができる。飼養下における動物の福利に配慮するのは前者で、後者は産業社会における「動物労働」や「動物利用」を批判する。批判をより徹底すると動物由来のすべてのものを食べることも否定しうる。

ただしどちらの動物倫理にも共通しているのは、倫理の対象が畜産動物や伴侶動物、実験動物、動物園動物など、最初から人間の共同体の一員として、人間に管理され飼養されている動物（飼養動物）を対象にしている点である。これは、とくに一九世紀末のダーウィン学説の登場を端として、人間と動物の生物学的連続性についての認識が、動物への虐待行為や産業的利用の反省を促してきたことが動物倫理のルーツだからである。人間は「自ら生産した動物」という財産や道具の所有者であり、それゆえに管理者や所有者としての責任も生じてくる。飼養動物の利害のすべては人間の手に委ねられているために、飼養動物に対して人間は絶対的権威である。この力関係の中で人間がどのように行為すべきか、あるいは権威的立場そのものをやめるか、といった様々な違いが、現代の動物倫理の立場の違いにつながっている。

一方で野生動物は、人間の道具として生産された生物ではなく、里地里山を含む自然生態系を構成している一員として、人間共同体の外側で自律して生活している。野生動物は日本においては法的に所有者のない「無主物」とされており、法的にも実践的にも人間の所有物（飼養動物）と同じように扱うことができない。とはいえ、野生動物も直接的・間接的に人間活動の影響を強くうけており、やはり人間の倫理的対象である。とくに被害をもたらす野生動物と同所共存しない共生関係を築くためには、倫理学だけではなく自然科学、社会科学、被害管理の実践分野など他の学術領域との協働が不可欠であり、また野生動物の直接の利害関係者だけでなく、都市住民なども含めた社会的な理解と協力体制を必要とする。まさにいま、自然と人間とのミクロな関係性を主役とする、未来世界にわたるグランドデザインが求められているといえる。

こうしてみると、現代の動物倫理は、獣害問題に関して「動物を苦しめない絶命方法の推進」といった部分的な貢献はできるが、動物個体の捕殺行為だけにフォーカスして野生動物との関係性全体にまで議論を拡張しようとすると、かえって自らの価値を損ないかねない。

もちろん、動物の権利論に代表される動物倫理は、近代社会の産業システムが人間のみならず動物の搾取によって成立していることを告発し、動物虐待の防止や福祉の向上など、現実社会を変革してきたことに積極的な意義と成果が認められる。ただし見方をかえれば、動物倫理は産業主義的システムにおける問題（動物搾取）を克服することに対しては有効であるが、そのシステム内部に植民地化された、生活世界領域における「自然と人間とのかかわり」の問題にまで有効であるとは限らない。そもそも産業主義的システムにおける動物搾取の問題は、「動物を虐めてやろう」などといった人間の意識がもたらしたというより、システム構造自体がもつ搾取の形態（いわゆる構造的暴力）に由来する。その目的合理的価値のもとでは、「人間は自然から恩恵をうけ、他者の生命に生かされている」ことに感謝する生活世界の日常道徳も、その多元性も、とるにたらない非合理で非生産的なものと見なされる。そして日常道徳は、「生命」「自由」「権利」といった啓蒙の光だけを透過する、代謝や交通も失った、透明なかたまりとなって生活世界に沈殿してゆく。つまり人間と野生動物の営みの世界に今求められているのは、システム従属的な搾取の関係性の撤廃ではなく、「自然とのかかわりの回復」や「コミュニケーション的な関係性の構築」なのである。

このようにシステムにおける「搾取の問題」と、生活世界の「かかわりの問題」が区別されていなければ、近代的価値に基づく合理主義的な動物倫理が、真理や正義として、容易に生活世界の日常道徳の息吹を絶やしてしまう可能性もある。それは動物倫理が本来批判していたはずのあり方と同じ轍を踏むことになるのではないか。多元的に存在する生活世界とは、具体的生の営みを通じて涵養される日常道徳が、暴力と犠牲を含む「人間と自然の関係性の理《ことわり》」として醸成される世界である。その理はローカルで固有でありながらも、公共的な普遍的規範に匹敵するような原理として共有され、人間の歴史のこれまでとその先の道を照らし続ける、穏やかだが危うい、しかし吹き消してはならない蝋燭の灯《あかり》のようなものである。ではその灯を、決して世界を焼尽する戦火にしてはならないその灯《ひ》を、どのように守り未来へ託してゆくべきなのか。〈野生動物倫理〉を掲げたのは、こうした問題意識に基づいている。今後の動物倫理の役割は、産業システムにおける動物への抑圧を撤廃するだけでなく、システムが抑圧した生活世界における「自然と人間の関係性」の回復と、人間の行為や意欲に直結する日常道徳のありようを、具体的に分け入って明らかにすることではないか——それを単に「文化」「徳」などの記号でラベリングして論じるだけでなく。

なお倫理の普遍 - 多元の問題は、普遍的規範のトップダウンを批判し、「生活世界」におけるコミュニケーション的理性の積極性を説いたハーバーマスの討議倫理学が下敷きになっている。ただし生活世界には、言語的だけではない自然とのコミュニケーション的関係や、目的合理的な工業労働には還元されない農林水産業のような労働があることも見逃してはならない（尾関 二〇〇七）。もちろん農林水産業だけではなく、自家用の作物栽培、山菜取りや魚釣りといった、自然にかかわる様々な生活活動もここには含まれる。

さらに、こうした生活世界を成立させ、〈生存〉〈生活〉〈よき生〉のすべての営みを現実のものとしている活動的本質は、人間の「身体」である。身体は生物学的には「動的平衡にある流れ」（福岡 二〇〇七）ともいわれ、生物の身体は机や椅子と同じ物体ではなく、「物質代謝」を通して常に他と入れ替わっている。つまり「自己」の成立には「他者」を必要とし、自己は物質的にも精神的にも他者との循環（コミュニケーション）過程において成立している。したがって自己の身体は他者世界に開かれた「開放された身体」としてあり、同時に「他者を必要とする身体」でもある。身体のこの「開放性」が、他者との関係性を築き、日常道徳の原理を成すのではないか。シンガーの動物解放論が「苦痛を感じる身体」という、自己の身体内部の現象に着目した「閉じられた身体」を主体とするならば、〈野生動物倫理〉ではこの「開放された身体」に注目してゆきたい。

3 〈野生動物倫理〉とは――身体的営みが展開される生活世界から

〈野生動物倫理〉とは、現実問題の改善に寄与するグローカルな倫理のモデルを構想するため、その作業上の理念を示した筆者の造語である。〈野生動物倫理〉の構想は、倫理や道徳の人間学的基礎の解明を通じて、倫理学そのものを外側から捉える視座を確保しつつ、「自然と人間との共生」を応用哲学の課題として探究するものと位置づけている。この共生とは「野生動物と人間の共生」だけでなく、「価値と価値との共生」としての「人間と人間との共生」も射程に入れた多元性を前提としている。

また、欧米圏で誕生した動物倫理や環境倫理の議論をふまえながらも、東洋圏の日本から発信できる動物倫理や環境倫理としての〈野生動物倫理〉を提示したい。まだその途上ではあるが、例えば「共生（Kyosei）」という概念も、日本的自然観や仏教思想を背景とする〈人間 - 自然〉関係の概念として発信され、現代社会に普遍的な問いを投げかけてきたように、多元的な価値を土台とする〈野生動物倫理〉の検討は、特定の真理や道徳的価値のみが支配することのない倫理の倫理を検討することでもある。そもそも自然の保護や保全は、各地域の自然環境と人間生活とのかかわりを無視したトップダウン的な方策によっては、うまく展開してゆかない現実があるからである。

なお環境政策における多元的価値の重要性は、日本では主に環境社会学の分野で指摘されてきた。背景には欧米からの輸入学問であった環境倫理学への批判があり、地域社会のローカルな「自然の価値」や「人間と自然とのかかわり」の分析を通じて、ボトムアップ式の環境政策へ結びつく環境倫理学の構築が目指されてきた。例えば鬼頭（一九九六）は、生活の営みにおける自然とのかかわりを示す概念に《生身》と《切り身》という語を導入し、環境問題の本質は「《生身》の自然が《切り身》化すること」、すなわち自然と人間の関係の切り離しに問題があると指摘した。彼は自然支配的な「人間中心主義」と、その克服をめざす対極としての「自然中心主義」は、ともに人間 - 自然の二元論に基づいているとして批判し、生業や生活における自然とのかかわりに「人間と自然の共生」のヒントを探ろうとする。

また動物倫理の分野でも、伊勢田（二〇一八）は日本の動物倫理が欧米の動物倫理の後追いや外圧によって成立してきたことを指摘し、欧米流の動物倫理と「比肩性（comparability）」をもつ日本的な動物倫理の成立可能性を、「供養の倫理」を提示しつつ説いている。比肩性とは、「リベラルな価値観と異質であっても尊重されるべき倫理観のもつ性質」とされ、欧米の動物倫理に対する比肩性を担保する要素として、動物の「愛護」の精神や、動物供養にまつわる「哀悼」「感謝」「犠牲を無駄にしない」などの精神性が挙げられている。とくに動物供養の背後にある「犠牲を無駄にしない」という精神は、日本固有の動物倫理の特徴として「供養の倫理」の核心になるという。

これらは何れも、キリスト教倫理を背景に確立されてきた欧米圏の倫理を相対化し、また東洋対西洋という対決でもない、地域や文化に固有の自然観や道徳観を、多様なまま尊重する倫理の倫理を検討する上で示唆的である。

〈野生動物倫理〉の根拠である「身体的営みを基礎とする生活世界」とは、人間にとって「自然の意味」や「生きる意味」を創造する世界のことである。生きる意味はそもそも、「死」や「犠牲」の意味と一体となってある。では自らの暴力による他者の犠牲の上にしか生きられない身体という自然を、人間はどのように受け止めるべきか、そこにいかなる価値を見出してゆけるのだろうか。

私たちが具体的に生活してゆくためには、毎日他の生命体を食べ、生活環境を守るためにニホンジカやノネコ（野生化した飼いネコ）を捕獲しなければならないこともある。「かわいそう」「かわいい」と感じるヒグマやニホンザルを捕獲しなければ危険な目にあう場合もある。生命を「傷つけない」「殺さない」という生命尊重に従うのみでは生きられない矛盾を抱えているのが、本来の人間の姿なのである。ひいていえば、「人格の尊重」や「生命の尊厳」についての学びが、「他者に生かされて生きている」という具体的な生命感覚を回避するような学びにならないことを望む。

以上から〈野生動物倫理〉の基本原則は、身体的営みを通じて得ることのできる、生命の感覚を基盤とする動物倫理であること、である。そのために、まず自然（野生動物）とのコミュニケーション的関係性に醸成される多様な日常道徳としての〈動物道徳〉を照射し、これらがどのように普遍的倫理としての〈動物倫理〉と調和できるかを、ここでは鯨文化の事例から検討してゆく。

4 〈動物道徳〉と〈動物倫理〉の関係——捕鯨の町から考える

和歌山県東牟婁郡《ひがしむろぐん》太地町は、小型鯨類を対象とする沿岸基地の捕鯨（小型沿岸捕鯨業）と鯨食の習慣が古くから維持されてきた地域で、ドキュメンタリー映画『THE COVE（ザ・コーヴ）』（二〇〇九年）の舞台となった場所としても知られている。太地で行われている捕鯨の一つ「追い込み漁」が「イルカ漁」と呼ばれることもあるが、イルカは生物学的には小型鯨類の総称で、地元の鯨漁師が「イルカ」という語を使うことはない。鯨は古くから「いさな」（勇魚）とばれ、太地では捕獲する鯨類に応じて「ハナ」（ハナゴンドウ）や「クロ」（ハンドウイルカ）など独自の呼び名がつけられている（写真1）。『THE COVE』の公開以降、太地の追い込み漁は「残酷なイルカ漁」として激しく非難され、漁期になると主に欧米圏から〝イルカ殺し〟に抗議する人々が集まってくる。筆者が把握するかぎりではあるが、鯨漁に反対する根拠には、自然生態系や人体の健康への悪影響を懸念するものから、動物愛護的な内容まで様々あるが、海外から太地にまで足をはこぶ人々の意見には、いわば〝イルカの人権〟の考え方に基づく反対意見が目立つ。つまり漁師の行為は殺人と同罪であり、イルカ食はカニバリズム同様の前近代的な行為、先進国日本の恥であるという意見もある。

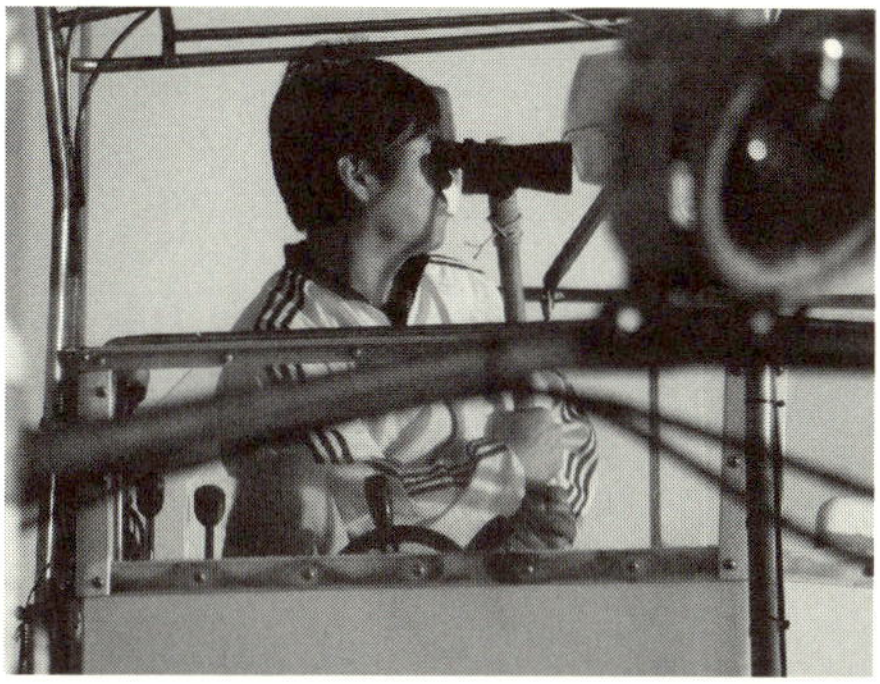

写真１　双眼鏡で鯨（イルカ）をさがす漁師
（和歌山県東牟婁郡太地町）

太地では、漁や解体を通して分配される自然の恵みが、自然と人間、鯨と人、人と人をつないできた。先祖から受け継いだものを守ることで自分たちの町があり、家族とその生活がある。老人から赤ん坊にいたる人々の安寧と、海の生き物の安寧は、常に一つの輪のようにつながっている。この輪にいる人々にしかわからない価値観や、ローカルな掟、文化的慣習と、「ハナ」や「クロ」たちを含む地域共同体の日常道徳の総体が、太地の〈動物道徳〉である。

鯨漁師たちにとって、欧米圏から集まる「外人さん」たちの抗議行動は、ときに命の危険を感じさせるほど激しいものであった。確かに度を超えた嫌がらせもある。ところが漁師や地元の人々は、繰り返される激しい非難や嫌がらせに唇をかみしめつつ、心のどこかに「外人さん」の考えや態度に「学ばせてもらっている」という気持ちがある。ときには、勉強したばかりの動物の権利論について、それが自分たちの意識とどのように異なるのかについて、たどたどしくも熱心に説明してくれる人もいた。〝イルカの人権〟は、漁師だけではなく地元の人々にも、自分たちが自然の恩恵に与り、クジラに生かされて生きているという自覚をもたらす役目を確かに担っていた。漁師たちは、当たり前の作業となっていた捕殺の作業を客観的に見直し、鯨の痛みに配慮した絶命の方法を積極的に取り入れた。そして「捕鯨」だけではない新たな鯨との関係性の模索が、町全体ではじまってゆく。

こうした鯨漁師と「外人さん」たちの関係から示唆された重要な点は、〝イルカの権利〟が「命をいただいて生きている」ことを太地の人々に強く自覚化させ、犠牲に報いるあり方の実質化を促したという点である。つまり動物の人格性が、(「外圧」のみに回収しきれない)社会的に承認された価値として機能していたということである。そもそも動物の権利論が掲げる「生命の尊厳」や「存在のかけがえのなさ」は、鯨漁師にとっても十分に共感し合意できるものである。捕鯨共同体(町の人々)にとっても、犠牲になってきた鯨や、漁で命を落とした故人や先祖など、自分たちが生きていることと引き替えに失われた者の苦しみや無念さは、共感を回避することができないほど切実な重みをもっている。それゆえに「外人さん」たちが主張する動物の人格性の意味を、〈動物道徳〉と結びつけて自分たちなりに受けとめることができ、同時に習慣化するほど薄れやすい〈動物道徳〉の自覚化も可能になったのではないだろうか。

つまり「外人さん」たちにとっての動物の権利は、知能や苦痛など自然的事実に基づく「実体としての権利」といえるが、漁師をはじめとする太地の捕鯨共同体にとっての動物の権利とは、当事者の事情や必要性などに応じて、社会的意味をもつ「機能としての権利」であったといえる。

こうした社会的承認に根拠をおく機能論的な権利の例としてよく知られているのは、アメリカの法哲学者C・ストーンが指摘した「樹木の当事者適格」という自然物の法的権利である。例えば「会社」「大学」「不動産」はみな実体的な痛覚や意識をもつ主体ではないが、私たちは「「会社」の権利」を法的な権利主体として承認している。これと同様に、「自然」や「動物」も社会的承認のもとでは権利主体として認められるというものである。このとき権利の根拠となる人格（person）は、法的資格をもった社会的意味での人格になり、社会的に役割をもつ（・もたない）という点で承認される権利である。実際に日本でも、野生動物を原告とする奄美「自然の権利」訴訟（一九九五年）をきっかけに各地で訴訟が行われたが、これらの「自然の権利」もまた、地域の自然環境を開発から守りたいといった、人間が認める価値や要請のもとに掲げられた権利であったといえる。長崎県の諫早湾でムツゴロウ漁をしてきた漁民が「ムツゴロウの権利」を主張するとき、その権利とはムツゴロウの「苦痛」や「感情」に基づく実体的権利ではなく、人間（漁民）の事情によって要請され、社会的機能を期待されていた権利であることが読み取れる。

したがって太地の「外人さん」たちが主張する〈動物倫理〉は、イルカの実体的権利であるといえるが、「外人さん」たちと合意形成を試みようと努力する人々にとってそれは、自分たちの習慣を顧みる役割をもち、自分たちの文化的価値の中から広く社会的に共有可能な価値を自覚的に探究する機会をもたらした、道徳的内実を含む「機能としての《動物倫理》」なのである。《動物倫理》は、地域の人々が自分たちの固有の文化を守りながら、同時に固有性という特殊性にとじこもることのない鯨

〈野生動物倫理〉のモデル

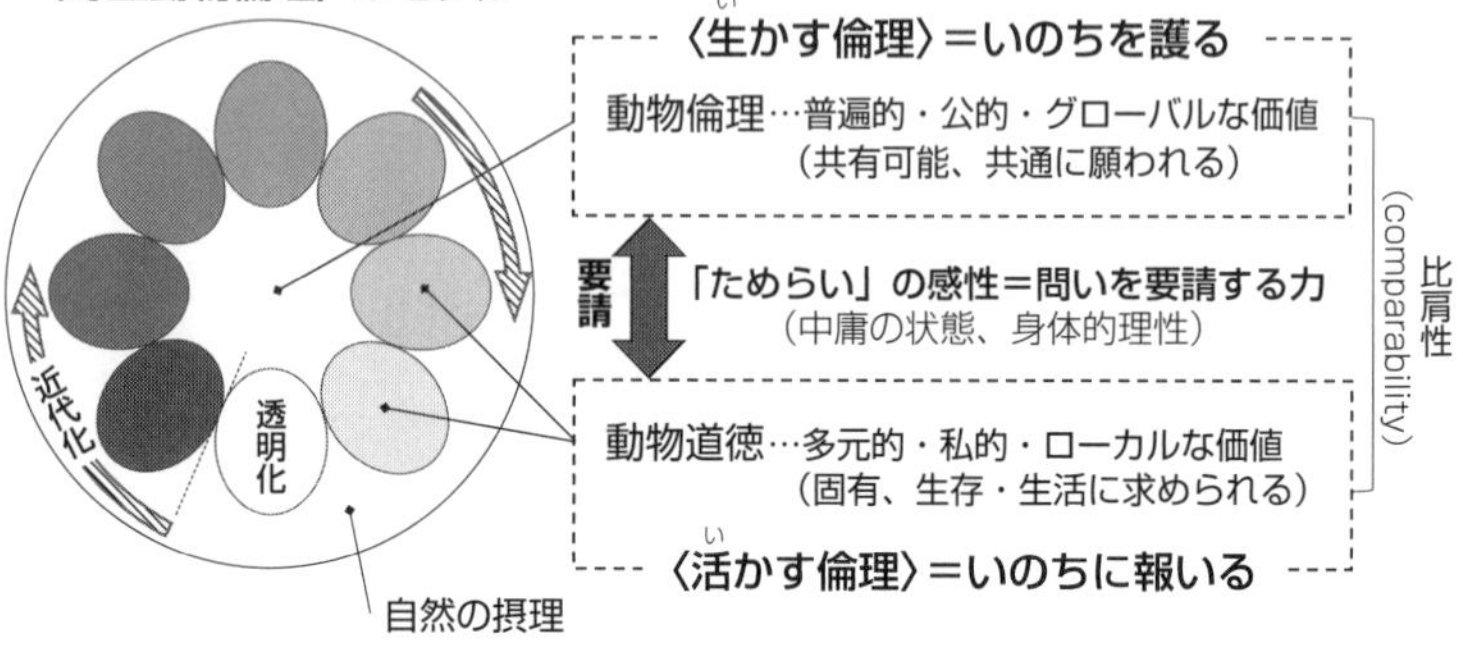

とのかかわりを創造する手引きになりえたといえる。

　こうした社会的承認に基づく〈動物倫理〉のありかたを見落とすと、〝イルカの生きる権利〟が絶対的真理かのように多様性を支配し、対話を不可能にするばかりでなく、「権利が権利を侵害する」という矛盾による権利論自体の破綻を招くことになる。もちろん、功利主義や義務論に依拠する普遍的な〈動物倫理〉は、「固有であるがゆえにご都合主義的にもなりえる多元的な道徳規範」のデメリットを克服し、グローバルな問題解決に寄与する合理的、公共的、普遍的な倫理として掲げることが可能な動物倫理学史上の成果である。ただし討議倫理学を参照するならば、その普遍性とはあくまでも多元的な道徳規範のあいだで「共有可能」という意味において成立しうる、普遍性や公共性である。ハーバーマスは、「正義と公正」と諸文化の「善」とを区別し、「正義と公正」を基準とする普遍的倫理を、対話や討議によってそのつど合意される共有可能な〈普遍妥当な〉原則やルールであるとした。このモデルに従えば、〈動物倫理〉は対話の外側からやってくる絶対普遍的規範にはなりえないのである。

　以上から、倫理の機能面からみた関係性をもとに〈野生動物倫理〉のモデルを右図のように描いてみる。円の内部にある複数の楕円は、それぞれの生活世界における日常道徳としての〈動物道徳〉である。これらの〈動物道徳〉に共有可能な倫理として中央の〈動物倫理〉があり、〈動物倫理〉はそれぞれの生活世界に活用されて機能する倫理として、相互に要請しあいつつ存立することを示している。

5　いのちを護ること、いのちに報いること——〈生かす倫理〉と〈活かす倫理〉

〈動物倫理〉と〈動物道徳〉の普遍‐多元関係のモデルは、この段階ではあくまでも機能面からみた形式上の関係性にすぎない。〈動物倫理〉と〈動物道徳〉が具体的な人間の〈生〉においてどのような意味をもち、何を意欲するものなのか。その上で両者はどのように関係し、全体として私たちに何を示すものなのか、まだ明らかではない。

そこで、動物個体が自由をもち、快苦を感じ、すべてが「生の主体」として唯一無二の存在であることに価値をおき、その「いのちを護るべき」とする〈動物倫理〉を、新たに〈生かす倫理〉と表現する。これは、生命ある他者（動物）を殺傷したり苦しめないように護る、保護や愛護を正義とする倫理である。一方で、自らの暴力の犠牲に対する負い目を胸に、犠牲者の「いのちに報いるべき」と意志する〈動物道徳〉を、〈活かす倫理〉と表現する。これは、「他者に生かされている」「支えられている」「犠牲を無駄にしない」という意識が、自己の行為や意欲に結びつくことを善とする倫理である。これは実際に筆者が、国内の多くの事例で共通して把握できた規範的内容でもある。私たちは、犠牲者や死者を生かすことはできないが、そのいのちを自己の〈生〉のうちに活かすありかたで、報いる生き方ができる。〈活かす倫理〉は「暴力と犠牲を不可避とする身体」を基盤とする道徳的規範でもあり、当人の「生きる意味」の発見につながるものと考える。

ただし「いのちに報いる」という仕方は、例えば犠牲者の「供養」や「感謝」といった態度を通じて負い目の意識が軽くなり、報いるがゆえに犠牲を積極的に肯定する「犠牲をいとわない暴力」に転じる危うさを常に孕んでいる。供養や鎮魂儀礼といった態度で犠牲者の成仏を願い、「いただきます」といった言葉で犠牲者への「感謝」を示すことは、それらがもつ〝罪の帳消し〟機能によって、本来になうべき責任からも人間を解放する免罪符になりうる。日本には動物供養や地鎮祭など独特の文化的風習があるが、そこに「犠牲者をおもう心」がいつもあったならば、なぜ自然破壊が今日にこれほど問題になりえたのだろうか。

しかしこのとき、〈活かす倫理〉が暴力や破壊の免罪符に転じぬよう、いのちを毀損せず護る〈生かす倫理〉が、審問の役割をもって立ち現れてくる。〈生かす倫理〉における生命の「かけがえのなさ」という価値は、犠牲の肯定を拒否し、報いる意志やあり方について問う役割をもっているのだ。

これとは逆に、動物の権利のような〈生かす倫理〉が正義として原理主義的にまかり通れば、何かを「生かす」ために何かを「殺す」ことが正当化され、「暴力をいとわない暴力」が肯定されうる。その実例が、イルカを生かすために「太地の漁師を殺せ」という非難の言葉に示されている。他にも、アマミノクロウサギを捕食するノネコを殺処分せずに生かそうとすれば、そのノネコを飼養するために他の生き物が殺される。ヒトを捕食するヒグマを生かしておけば、人間の死者が増えてゆく。

増えすぎたシカをみな生かしておけば、森林生態系が破壊され、地球温暖化も加速する。生命尊重を実現するために何かが殺され、結局どちらにしても犠牲が生じるのだ。

このとき、犠牲になるいのちに報いる意志としての〈活かす倫理〉が、〈生かす倫理〉がもたらしうる新たな暴力を戒め、犠牲を無駄にしない道の模索を問うて立ち現れる。報いるという意識は、暴力の正当化を拒否するところにしか生じないからである。

ただし〈活かす倫理〉にのみ求められる重要なことは、犠牲者に報いる仕方、つまりどのように活かすかについての構想である。「いのちを護る」場合はその対象に行為を向けられるが、「いのちに報いる」場合においては、報いる対象や内容がただちに明確に示されないからである。そこで上記のノネコの事例の場合、これ以上の犠牲を出さないために飼い猫の屋内管理の徹底を啓発する活動が行われてきたが、こうしたことが「報いる」活動に相当するだろう。獣害対策の場合でも、被害防除対策の徹底や支援が、「動物を可能なかぎり殺さなくてすむ」共生の方途となる。動物の権利は、犠牲に「報いる」ありかたに位置づけられてこそ人間的意味を獲得し、また「報いる意欲」にかたちを与えることもできるのである。

人間である私たちに求められるのは、報いるに値する何かをみつけ出し、自己の〈生〉に意味を与えることである、と考える。そこにはじめて未来を描く人間の「自由」が発揮されるからである。哲学者のH・ヨナスが、人間と動物との本質的違いを「絵（像）を描く能力」によって説明したことに、筆者も同意する。人間の「描く」力は、ヨナスの指摘する通り、生命的な生死の問題とは無関係にある「自由」の能力だからである。ただし本章での自由は、人間の自然的必然性を根拠とする自由

〈身体性や自然性に基礎をもつ精神としての理性、または感性〉であり、「他者と交流する身体」における幸福衝動に支えられた自由である。この意味での自由によって、犠牲者や死者の活かし方を具体的に模索してゆくことが、私たち自身の「生きる意味」となる。「生きる意味」は自分ひとりで見つけることもできなければ、ひとりで実現することもできないのである。

結論をまとめると、〈生かす倫理〉と〈活かす倫理〉はどちらかが絶対的真理であるといったものではなく、あたかも絶対的真理のようにふるまい、結果として倫理自体の価値が損なわれることを防止する、審問の機能をもって互いに要請しあう理念である。動物道徳として「犠牲に報いる」意志は、動物倫理としての〈生かす倫理〉を要請し、「野生動物を害獣にしない〈殺される動物や、犠牲を増やさない〉」ための実践を意志しうるのである。同時に〈生かす倫理〉は、犠牲に報いる行為のもとにはじめて人間的意味を獲得することができる。そしてこの点において「比肩性」があると筆者は考える。ただし後に示すように、これらの理念を要請する力、つまり各々の倫理のありようを「問いかける」ことのできる力は、「ためらい」という別の自律した理性〈感性〉ではないかと考えている。

なお、日本語を母語とする筆者が、護る／報いる、生かす／活かすと、翻訳するのも難しい日本語で表現したのは、「私たちの胸におちる言葉〈母語〉」で表現したいと思ったからである。それぞれの言語はそれが使用される世界において、「生きる意味」をつかむために最も価値があると考えるからである。母語の価値は、他の言語や文化、宗教、哲学を知ることによっていっそう感じられることであろう。いつか世界中の人々が「日本語を学ばなければ、すぐれた思想に出合えない」と思ってもらえる哲学を、未来へ向けて紡いでゆくために。これは多元的価値を前提とする〈野生動物倫理〉の構想における基本的な姿勢でもある。クジラを護ろうとすること、クジラの犠牲の上に生きてゆくこと、両者はまったく異なる倫理観のように見えても、それぞれの道徳的規範は互いの基盤であり、目的であり、そして問いかけあって必要としあう関係にある。「動物と人間との共生」は、つまるところ「人間と人間との共生」の問題であり、〈生かす倫理〉と〈活かす倫理〉の考察が国を超えた人々の対立をわずかでも解消する一助になることを、切に願っている。

ところで「活かす」という言葉は、野生動物に対峙する人々から実際に耳にしたり目にして出合った言葉をもとにしたが、「生きる」「活きる」という同じ「いきる」という音の動詞を使用したのは、これらが実際に人の心の中に一体となってある規範的意識で、人間的本質の外化された普遍的な心情であることを示すためである。さらに加えると、後述する九鬼周造の「いき」という美意識がこれらの間に含まれている。

6 「ためらい」の感性

合理主義的近代は、動物労働を必然とする産業システムだけでなく、都市と農村の分離、人間疎外といった事態をもたらしてきた。現代の獣害問題もこうした社会的病理の一つであり、里地里山の利用低下、農村の高齢化や人口減少、耕作放棄地や空き家の増加など、自然とのかかわりの減少や人間側の活動力低下が引き金となって生じている。獣害対策は捕獲のみで解決する問題ではなく、また被害の当事者だけの問題でもなく、「かかわり」の回復や構築、人間の自然的基礎を地固めすることが対策の本質である。

しかし近年では、獣害対策を地域活性化につなげようと尽力する地域や活動組織が増えてきている。例えば長崎県対馬市には、「地域の宝としての野生動物」という意味で「獣財」という理念を掲げ、被害対策を核とする様々な地域貢献活動を行っている組織がある。他の地域でも、「地域づくり」の契機になる獣害を「獣がい」と改め、地域ぐるみの被害対策や里地里山の保全の支援などを、精力的に行っている組織もある。また捕獲対策の大部分は政策的かつ実質的に狩猟として行われていることもあり、動物を積極的に「地域資源」として活用しようと、シカやイノシシ、アナグマ、カモ類などの「ジビエ」としての利活用が全国的に盛んになりつつある。

そこで筆者もまた、獣害対策について学ぶフィールド実習を、大学生を対象に二〇一六年から毎年企画してきた。実習では、地域の獣害問題と対策の実情等について専門家や従事者から解説をいただき、地元の猟友会の協力を得て、イノシシの止め刺し（絶命すること）の見学と解体体験を行っている。イノシシの肉は部位ごとに分けて持ち帰り、各自で調理に挑戦してレシピを作成するところまでを課題としている（写真2、3）。

むろんささやかな活動ではあるが、参加者は地域が抱える問題の背景を知り、またイノシシの絶命や解体にかかわることを通じて、誰もが「他者の犠牲によって生かされている自分」に気づかされる特別な経験になっている。

それまで抽象的理解にとどまっていた「野生動物」が、目の前で「殺されてたまるか」といわんばかりに激しく抵抗し、全身から蒸気がたちのぼるような怒りをあらわにする。参加者はみな息をするのも忘れ、抵抗するイノシシの前に立ちつくしてしまう。哲学の「他者」という概念は基本的に人間に対して使われるが、まさに「絶対的に他なる他者」が、私を完全に吹き消し去ってしまうほどの存在感をもって迫ってくる。檻の中のイノシシは弱って諦めていることもあれば、まだ体の小さい者もいる。しかしどの個体も、命が奪われようとするさいの「存在の激しさ」に、慣れないうちは人間の方が血の気が失せ、身体の感覚を喪失してしまう。いざ解体を始めようとしても、野生動物の体は簡単にナイフの刃を寄せ付けない。死んだ体でさえ私に抵抗し続け、油断をすると自分が簡単に怪我をする。調理をして、美味しく食べるというのも簡単なことではない。自然の中で生きてきた肉体は、

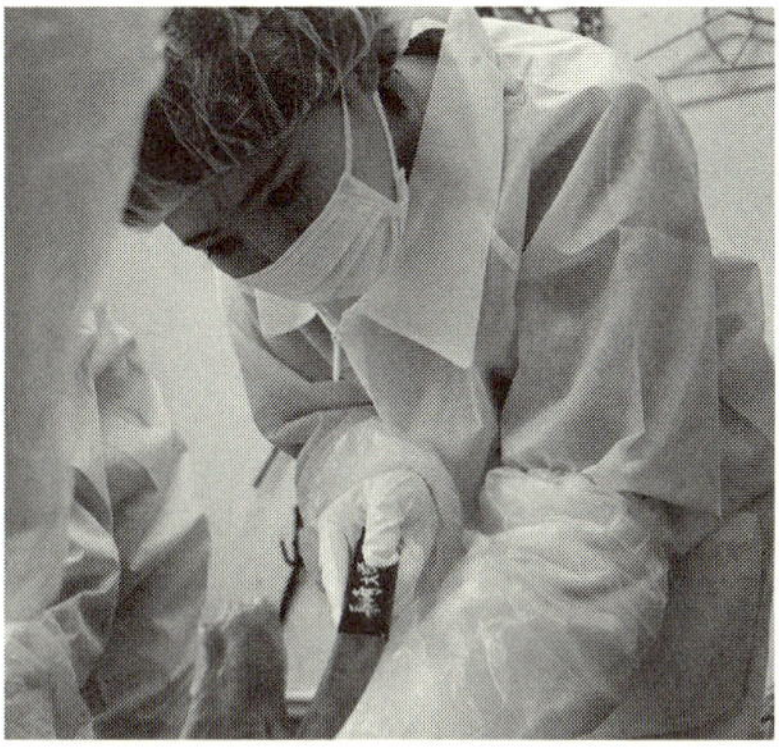

写真２　イノシシの解体作業の様子
（長崎県諫早市）

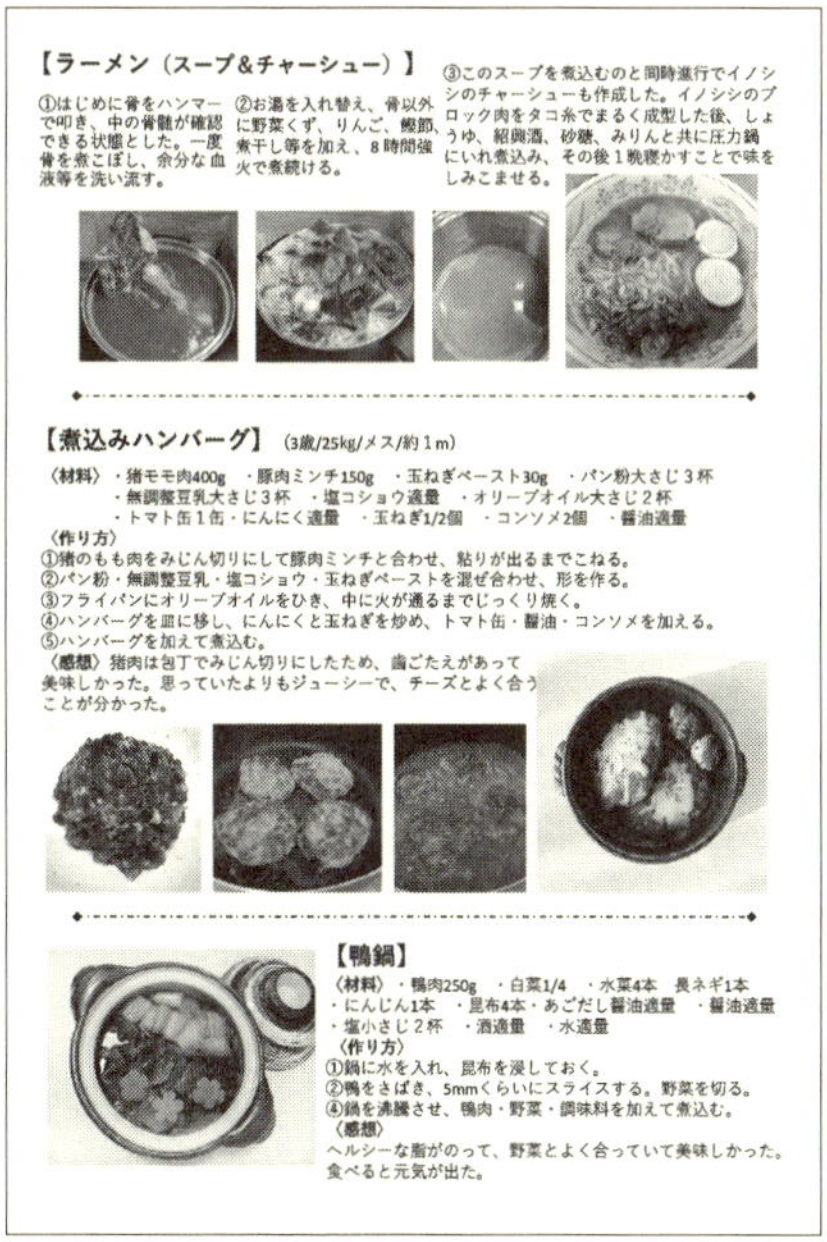

写真３　イノシシ肉のレシピの考案

筋、脂、臭いなどで、口にして飲み込むまでその個性を私にぶつけてくる。そのために、調理法を懸命に考案するのだ。世界のあらゆる食文化や様々な儀礼は、このように他者のいのちと真剣に対峙して象られてきたのではないかと、想像しながら――。

捕獲から解体、調理に至るすべてのことは、確かに人間側が優位な立場にあり、殺生も食も「他者への暴力」であると客観的にはいえるだろう。しかしナイフを持ちながら立ちすくみ、弱々しく「ためらう」のはいつも人間側である。ナイフをイノシシの肉体に刺して裂きながら、「はらわた」をえぐられているのは私のほうなのである。すべての作業が済んだあとも、死に抵抗し、死しても存在をぶつけてくる「存在の激しさ」が、私の身体へ深いキズナとなって残されてゆくような感覚である。

フランスの哲学者E・レヴィナスは、他人が自我に向けて現れる仕方としての「顔（visage）」が、動物に適用できるかについては可能性のみを語るにとどまったが、あえてレヴィナスに即していうならば、野生動物が眼前に「顔」として現れるときの「ためらい」は、「絶対的に他なる他者」を前に覚醒させられる意識で、非暴力の端緒となりうる身体的な感性ではないかと考える。生きるためには何かを食べなければならないが、「食べもの」は必ず生命をもった他者である。食べるということは、他者を殺し、噛み砕いて自己に同化させる暴力であるが、同時に他者からの抵抗という［暴力］を私が受け取ってしまうことを、野生動物を殺して食べることで初めて知る。しかしこの［暴力］は、他者と私のキズナという愛の契機でもある。

ドイツの哲学者L・フォイエルバッハは、「人間とは彼が食べるところのものである（Der Mensch ist, was er ißt.）」というテーゼとともに、他者とのキズナを取り結ぶ「食」の人間学的意義について説いている。ist（<sein：いる・ある）とißt（=isst<essen：食べる）は同じ発音の語呂合わせになっているが、これは人間存在の本質が「食べること」であり、また「食べること」は「食べもの（他者）」を必要とするという、フォイエルバッハの人間学を端的に表示した文になっている。彼は宗教や供儀の分析から、「食べもの」を必要とする身体の必然性や有限性を「受苦性」として把握しつつ、受苦的人間における「食べること」とは、他者とのキズナを取り結ぶ人間の活動的本質であると結論づける。身体の「受苦」とは単に制限されているという意味ではなく、世界へ働きかけようとする積極的、能動的側面を意味している（河上 二〇〇八）。また彼の哲学を特徴づける「感性」は、血肉を本質とする理性として再定義された、身体をもつ人間の理性としての感性である。「食べる」ことは感性的活動として、自己と他者が身体において「肉交（fleischliche Vermischung）」し、他者は「もうひとりの私」になるという。

他者を「食べること」の前に行われる、他者の「解体」も同様である。動物の内臓や心臓はすべて人間の体と同じつくりをしているため、その臓器や筋肉のあいだにずぶずぶと埋もれてゆく自分の手が、私が私の肉体と出合い、自他の輪郭をしだいに失って一体化するような肉交をおぼえる。しかしその疚《やま》しい手は、まさぐっては格闘し、逆に一体化にためらい、我にか

中地桃花《イノシシの解体》（2022年）

えって自己を擁立させようと必死で抵抗してもいる。肉交において、右手に触れる私と左手に触れられる私が同時に経験されるときのような、優劣や主客関係も消滅した他者とのキズナが起動し、肉を欲する疚しい手が〈我にかえる〉一つの理性的な把握の仕方を私に授けている。それは近代的理性による「我考える、ゆえに我あり」というデカルト的自我の把握ではなく、いわば「我交わる、ゆえに〈我にかえる〉」という身体的理性による我の把握である。しかし、このように結ばれた他者とのキズナは、いつもすさまじく私をたじろがせる。ふとした瞬間さえ、突き刺さるように聞こえてくる――「苦しめるな！」「上手に殺せ！」「ぜったいに美味しく食べろ！」「おまえが殺した相手を忘れるな！」「決して私を手離すな！」と。心身に刻まれたキズナから聞こえる声は、新たに別の何かを私が「殺さなければならない」とき、それを本当に殺したとしても、決してその行為を私に肯定的に受け止めさせないであろう。「暴力」と「暴力をいとわない暴力」との区別を、必ずこの私に問いただし続ける声になるはずである。受苦的身体における感性が捉えるのはこの区別であって、たんに「暴力はいけない」という無垢で凡庸な規範的言明ではないのである。

7　狂気と正気

新型コロナウイルスの世界的な感染拡大をきっかけに、不条理文学で知られるA・カミュの『ペスト』（一九四七年）が再び注目をあびた。『ペスト』には感染症に翻弄される人間の様子が描かれているが、カミュはペストを人間の内的な悪や暴力を象徴する比喩として描き、とくに戦争の比喩として用いていた。カミュの生きた時代は、第二次世界大戦のナチス・ドイツによるフランス占領、その後のフランスにおける対独協力者の粛清、アルジェリア独立戦争の勃発など、まさに歴史的不条理のただなかにあった。感染症と戦争は一見すると異なるが、これらに共通するのは「不条理（absurde）の克服」という、大義名分のもとに現象する「正しき人による暴力」である。フランス語で不条理は「ばかげた」いう意味もある多義的な概念であるが、『ペスト』における不条理とは、戦争や感染症のように個人の力ではどうすることもできず、生きる希望も見いだせない世界のことを意味する。そこにカミュは、犠牲をともなってでも不条理の向こう側へ克服しようとする革命が、人間の惨殺さえ正当化する暴力に加担することを見抜いていた。ところが『ペスト』に登場するタルーという人物は、暴力の肯定も否定もできずに、ただ「ためらう」のである。もちろんタルーはカミュ自身のことであった。

哲学者の内田樹は、カミュが「暴力は不可避である」ことと「暴力が正当化できること」は異なると語ったところに、「正義のためらい」を読み取る（内田 二〇〇三）。あなたが殺そうとしている者は「殺すな」と訴えを送ってくるであろう。その相手を殺すことへの抑えがたい「ためらい」が、暴力を「限界づける」と内田氏はいう。たしかに、他者を殺す私の身体は、たとえ殺生が不可避であると理解していても、自らの暴力にためらう。しかしこの中途半端な感性が、「暴力をいとわない暴力」に抵抗してもいるのだ。暴力の否定にも肯定にも「反抗」するためらいは、倫理的判断の中庸にとどまりながら、〈生かす倫理〉と〈活かす倫理〉のそれぞれに対して審問を要請し、暴力や犠牲の正当化へ転じることに抵抗する身体的理性なのではないか。さらに加えるならば、「ためらい」は倫理の外側から倫理のバランスを見ている、一種の美意識であるとも考える。

ところで、カミュと同時代に活躍し、『「いき」の構造』（一九三〇年）の著作で知られる哲学者の九鬼周造は、対象との緊張感覚のもとに自己を定立させる意識現象として、日本独自の美意識としての「いき」を分析している（九鬼 一九七九）。「いき」は対象との合一や征服の手前で「思いとどまる」抑制的な意識で、極と極のあいだを揺らぎ続ける「態度をきめない自律的意志」、ないし覚悟である。「ためらい」もまた「いき」と同様に、「思いとどまっている」心的状態、超越性の背理を見極めた上でそれに抵抗している状態で、「慎ましさ」という美意識であるように思われる。それはアリストテレスの徳倫理学における「中庸」のように、精神の「活動」ではなく精神の「状態」を指しているだろう。

また、戦争と未来をテーマに多くの映画作品を残した大林宣彦は、戦争をもたらすのは人間の「狂気」であり、戦争のない未来をつくるのは人間の「正気」である、「正義」ではなく「正気」であると繰り返した。正義を基準とする普遍倫理にも、また善さを基準とする日常道徳にも、その正しさや善さに私たちが憑りつかれた瞬間に現象してくるのが「狂気」であるならば、倫理や道徳もまた精神活動である以上、その活動における「狂気」につねに抵抗していなければならない。そして狂気に抵抗できるのは、ただ「ためらっている」という中庸に私たちを係留させる「正気」ではないか。正気とは、〈我にかえる〉ことである。つまり倫理的規範だけが重要なのではなく、むしろそれ以上に、規範が示す価値や行為について「問いを要請する力」「審問する力」となる判断をためらう正気さこそ、私たち自身の内側に常に求められるということである。

戦争にもかならず正義があり善がある。「敵を殺すことは正義」で、「犠牲になることは善」であり、勝利によって不条理は克服されるのだと。しかしその誘惑にためらい、不条理のうちにも「正気」を保っていられることが、「卓越した非暴力」へと私たちを導くことであろう。他者という自然とのキズナ——その愛が授ける〈我にかえる〉身体的理性は、理性の狂気に抵抗することのできる、おそらく人間にしか持ちえない美意識である。私たち人類は、野生動物と共生し、地球環境を護るために、そして「長崎を最後の被爆地に」するために、犠牲者に報いる意志をもって「暴力をいとわない暴力」に抵抗し続けるのだ。

8 人間の傷つきやすさ

身体性を基礎とする「ためらい」の感性とは、ところでどのような人間学的条件において生じるのだろうか。結論から言えば、他者への暴力にためらう人間の「傷つきやすさ」であると考える。それは「受傷性（vulnerability）と交感（correspondence）とよばれる対象への一種の感情移入で、道徳の要請を感受する人間側の能力」（熊坂 二〇一七）であるともいえるだろう。

「傷つきやすさ」と倫理との関係については、ヨナスが生命現象を根拠にした独自の議論を展開している（ヨナス 二〇一四）。ヨナスは生命の内側と外側が区別される「物質代謝」現象に着目し、内側の内的同一性が「自己」、自己の外側を「他者」または「世界」であると捉える。フォイエルバッハが物質代謝をする身体の受動性と能動性から「受苦的身体」について説いたように、ヨナスもまた、生命がもつ物質の実体的同一性からの「自由」と、生命が生命であるかぎり物質（他者）を必要とするという「困窮性」に着目し、「困窮する自由(bedürftige Freiheit)」を生命の本質として説いている。

ヨナスはこうした哲学的生命論をもとに、生命の「呼び声」の受容可能性を人間の本源的な道徳的能力とし、「責任」を喚起させる出発点として考える（ヨナス 二〇〇〇、戸谷 二〇二二）。責任主体とは、責任の対象である傷つきやすく脆弱な生命の「呼び声」を受容し、生き続けたいというその訴えに応答しようとする。責任対象は、脆弱で傷つきやすく、私の支配の範囲に置かれている「弱者」で、責任主体（人間）はその生命の行方を左右しうる「強者」である。

写真４　イノシシの止め刺しの様子
（長崎県諫早市）

しかしいま、目の前で牙をむいて威嚇し、私に飛びかかろうと身構えている動物があるとき、それが罠に括られ出血をしていても、人間がいつも強者であるというのは全くの思い込みにすぎないと思わざるをえなくなる（写真４）。「自然」を前に脆弱で傷つきやすいのは、本来はいつも人間の方ではないか。「生きたい」という生命の訴えを聞き取ることができるのは、むしろ人間の「傷つきやすさ」であり、この人間の脆弱性や受傷性が、身体に深くキズナとして刻みこまれるように「他者の声」を受けとめてしまうのではないか。

ヨナスの責任原理において、人間の生命に対する責任の根拠は、「生命がもつ「生きる」という目的が彼自身では実現できない」ことにある。しかし同時に、死せる生命がもつ「活きる」という目的も、彼自身では実現できない。そのために、死者の声もまた私を責任主体へ導き、それが人間における責任の〝もう一つの原型〟となりうるのではないか。生命の殺生という行為によって、「殺す私」が強者から弱者へ、「死せる他者」は弱者から強者へと立場が反転する。本来脆弱で傷つきやすい私は、彼の声を無視することができず、私は犠牲者の「活きる」目的の担い手となる。おそらく生命だけが、こうして物理的時間ではない時《とき》をいきることができるのだ。自己の〈生〉に他者を活かして生きることが「責任」となる根拠は、生命体がすべて個別的生命（ビオス）として生きながらも、根源的生命（ゾーエー）を共有しているという生命の共同性にある。

人間が神でないかぎり、何も殺さずに生きられる「不条理の外側」へ行くことはできない。不条理の外側へ行こうとすれば、人間生命に対して新たな暴力をはたらき、人間の責任そのものの存続義務を放棄することになる。ヨナスは「責任そのものの存続」を未来倫理として説いたにもかかわらず、である。それゆえに、革命的な理念やテクノロジーによって不条理の外側へ、あるいはユートピアへ飛躍しようとすることに、カミュもヨナスも反抗したのである。むしろ岩塊を転がし続けるシーシュポスのように、不条理にとどまりながら、その中にあって賞賛すべき人間的価値を見つけ出すべきなのではないかと。

9 無痛化する私たち

和歌山県太地町では、鯨の追い込み漁に反対する人々とのトラブルを避けるため、捕鯨や解体、加

写真５　動物倫理が切りはなす関係性
（和歌山県東牟婁郡太地町）

工販売に関する場所にすべて（やむをえず）「立ち入り禁止」「写真撮影禁止」のルールが設けられた（写真5）。かつては当たり前の「風景」としてあった鯨の解体作業が、現在はすべて建物内で行われている。地元の人々も小学生でさえも港へ容易に近づくことができなくなり、人々はスーパーマーケットで切り身になったクジラとしかかかわることができない。〃イルカの人権〃の尊重が、地域を支えてきた捕鯨という営みの「見えない化」や《切り身化》という関係性の切り離し、日常道徳の再生産を阻害することにつながれば、結果として〃イルカの人権〃という〈動物倫理〉の基盤さえ失うことになるだろう。

しかしながら、現代社会ではすでに、生きることが他者のいのちと引きかえの出来事としてではなく、「商品の消費生活」にほぼ置き換えられている。他者性を欠いた物体としての「食べモノ」を消費し、「いのちの大切さ」はテキストを通じて教えられる。「ためらい」という曖昧なものを経験するより、正義が何かを教えられる方がよほど合理的で役に立つ。

わたしたちは今、自身の弱さをみないように、自分が傷つかないようにすることに夢中になっているように感じられる。自らの暴力に「ためらう」前に、そうした経験をしないよう、見ないようにすることを望む。痛みから自由になり、無痛化して癒されることを幸福としている。こうした幸福を望む人間本性を否定しないが、自らの暴力自体を無痛化する〝巧妙なやさしさ〟にくるまれて生活してはいないだろうか。殺害を無痛化する〝即死マシン〟で多くの動物を殺しながら「人道的な食生活」を営んではいないだろうか。暴力の無痛化とは、「他者が私に跳ね返してくる暴力」「他者の声が私の「はらわた」をえぐる暴力」の無痛化である。「ぜったいに美味しく食べろ！」「おまえが殺した相手をけっして忘れるな！」「ぜったいに私を手離すな！」と、私に跳ね返ってくる声をきかなくてすむようにする幸福である。私たちはいま、様々なテクノロジーの恩恵をうけて、無痛化という方法で不条理を克服し、ユートピアへ飛躍しようとしているのかもしれない。

身体的営みのある生活世界に涵養される日常道徳には、人間の傷つきやすさや脆弱性という、受苦的な自然的本質が活きている。しかし身体性や日常性を超越する、グローバルで合理的な価値やテクノロジーの浸透によって、はては「暴力の合理化」によって、倫理や道徳の成立自体の危機へ急激に向かっているように感じる。「ためらう」よりも「ためらってはいけない」と、狂気の手前まできているかもしれないことを、自己に問う力さえ私たちは失いかけているのではないか。

10　おわりに――野生動物との共生からの倫理

野生鳥獣による被害はいま、負のスパイラル的に全国的にますます甚大化している。獣害による営農意欲の低下と耕作放棄地の増加によって、野生動物が人間の生活域に棲みつくようになり、個体数を増やしながらさらに周囲へ被害を拡大させる。集落から人がいなくなっても柿や栗の木は残されるため、人のいない集落は動物たちにとって宿泊つきレストランのような場所になる。さらに人間の「こわい」「かわいい」「かわいそう」という「三つのK」は野生動物には好都合で、人間を怖がらなくなり、被害は激甚化するだろう。

私たちが自分事として、想像力をはたらかせ、被害をもたらす野生動物と同所共存しない共生に努力してゆかなければ、人間と自然のすべてにわたり破壊を拡大させてしまう。例えばシカが森林の下層植生を食べつくすと、ネズミや昆虫などの小動物も生息できなくなり、それを食べる野生動物の存続をも危機的状況においやる。下層植生が失われると土壌が表出し、雨で土砂が流され、樹木の根が浮き出てやがて森ごと枯れてしまう。土砂災害の危険性もいっそう高まり、住民の生活や命が危険にさらされる。さらに土壌の流出は沿岸に磯焼け被害をもたらし、海の生態系が破壊され、漁業もできなくなってしまう。

近年新たに懸念されているのは、新型コロナウイルスのような人獣共通感染症である。野生動物に付着したダニを媒介とするウイルスが人間やペットに感染し、再びパンデミックのような事態がおこるケースが懸念されている。もしもパンデミックが発生すれば、人間の生活圏にすっかり依存してしまった野生動物を、一網打尽に根絶しようと私たちは決断するに違いない。

被害をもたらす野生動物が人間生活圏に依存するのを防止するためには、まず人間の生活圏を「動物の餌場にしない」努力が求められる（写真6）。具体的には、防護柵の設置、草刈り、地域ぐるみの追い払い、里山の利用のほか、人口減少に適応した都市・農村計画なども必要とされる。ジビエの利用で現場に貢献することもできる。これらはすべて、「動物を余計に殺さなくてすむ」ための対策であり、「犠牲に報いる」活動である。多くの都市住民は被害の当事者ではないが、被害にあっている集落や町をどのように支援できるか、それぞれができることを模索する。被害で困っている人々は、野生動物の行動に嫌悪感を抱くようになり、その動物を保護すべきという人々の倫理観まで憎いと感じるようになってしまう。こうした人間同士の対立が被害対策を遅らせ、苦しめる動物を増やしてゆくことを、よく心に留めておかなければならない。

写真6　集落ぐるみで取り組むサルの追い払い（三重県伊賀市）

被害対策が適切に行われなければ、「人間と自然との共生」や「人間と人間との共生」も、そして倫理や道徳の基盤も根こそぎ失うことになる。甚大化する獣害問題は、動物殺害の是非に回収される問題ではなく、人間存在の根幹にかかわる問題として私たちの前に突き付けられている。

私たち生命が身体をもって具体的に生きてゆく上で、他者の犠牲は不可避である。歴史を築いてゆく上でも、犠牲は不可避であるという。しかし犠牲が不可避であることと、犠牲を肯定することは異なる。正義や善だけでなく、「ためらう」ことのできる正気さを胸に、自分の判断や行為をみつめることを忘れてはいけない。そうすれば〈野生

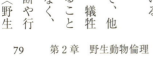

動物倫理〉は、ただの理念ではなく、「あなたの生きる意味はなにか」と尋ねる、私たちへの「問いかけ」でありつづけることができる。

＊　　＊　　＊

【読書ガイド】

・亀山純生『環境倫理と風土――日本的自然観の現代化の視座』大月書店、二〇〇五年〔解題〕本章の全体をまとめるのにあたって最も参考にしたもの。日本的自然観はただ味わうだけのものではなく、環境政策をはじめとする諸実践のコンセプトとして、これからも実践上の手がかりを与えてくれる。関連して、亀山純生監修／増田敬祐編集『風土的環境倫理と現代社会――〈環境〉を生きる人間存在のあり方を問う』（農林統計出版、二〇二〇年）は、本章の下敷きとなった風土の倫理に関連する最近の成果が紹介されている。

・伊勢田哲治『動物からの倫理学入門』名古屋大学出版会、二〇〇八年〔解題〕動物倫理と倫理学を同時に学ぶことができる。「供養の倫理」については本章で引用した著作のほか、他でも言及されているので、今後の議論にもぜひ注目されたい。

・佐藤喜和『アーバン・ベア――となりのヒグマと向き合う』東京大学出版会、二〇二一年〔解題〕現代のヒグマ問題とその対策のあり方が、科学的知見から分かりやすく解説されている。獣害問題は、実際には獣種によって、あるいは地域によって実情が異なる。まず獣害問題の実態を知るきっかけとして、手にとってほしい。

第3章　原子力と人間の関係
――二〇世紀思想史からの問いかけ

二〇二〇年に内閣府によって公開された「二〇五〇年カーボンニュートラルに伴うグリーン成長戦略」では、「実用段階にある脱炭素の選択肢」として原子力発電が挙げられ、今後の成長が期待される分野に位置づけられている。また、二〇二一年に閣議決定された「第六次エネルギー基本計画」では、原子力発電の安全性と効率性の向上を目指し、軽水炉技術の開発を進める一方、放射性廃棄物の処理や再生可能エネルギーとの調和、水素製造技術の開発などに取り組むことが示されている。二〇一一年に発生した福島第一原発事故によって、一時国内のすべての原発が稼働を停止したことを想起すれば、この一〇年間あまりの間に原子力に対する政府の態度は、肯定的なものへと大きく変化したと言えるだろう。

こうした状況を前にして、私たちは未来社会における原子力のあり方を、改めて問い直すべきときに来ているのではないか。そもそも原子力をめぐる課題は、特定の学問分野だけで解決できるものではなく、様々な領域を跨ぐ横断的な議論を要求するものである。そうであるとしたら、哲学の分野における議論の蓄積もまた、その有効な手がかりになるだろう。

哲学者が原子力を主題的な対象として議論するようになるのは、基本的には第二次世界大戦以降である。その契機となったのは、広島・長崎への核兵器の使用であり、またそれに引き続いてアメリカやソ連を中心に巻き起こった、核の平和利用としての原子力発電所の開発だ。その圧倒的なエネルギーを目の当たりにした同時代の哲学者たちは、人間と原子力の関係を様々な形で論じてきた。

本章では、こうした議論を展開した哲学者として、マルティン・ハイデガー、カール・ヤスパース、ギュンター・アンダース、ハンナ・アーレント、ジャン＝ピエール・デュピュイを取り上げる。これらの哲学者の間には密接な影響関係がある。ナチスドイツの台頭によって袂を分かつまで、ハイデガーとヤスパースは友情を育み、ともに近代的な哲学の超克を試みた。アンダースはハイデガーから大きな影響を受け、ヤスパースに対しては批判的に対峙している。一時、アンダースと婚姻関係にあったアーレントは、ハイデガーとヤスパースそれぞれから哲学を学んでいる。そしてデュピュイは、アンダースとアーレントの思想に立脚して、現代社会の破局について考察している。

こうした哲学者たちが、それぞれの視点からどのように原子力を捉えていたのかを明らかにすることで、原子力と人間の関係を多角的に考察し、未来社会を考えるための手がかりを得ることが、本章の目的である。

1　原子力と思考——ハイデガー

主著『存在と時間』において、存在の意味への問いを現代に蘇らせ、その後の哲学の歴史に大きな影響を与えたマルティン・ハイデガー（Martin Heidegger 1889–1976）は、一九五〇年代から展開された技術論のなかで、原子力について考察している。以下では、『技術への問い』（一九五三年）および『放下』（一九五五年）を中心に、彼の原子力論を概観してみよう。

自然の「用象」化

現代の技術の本質はどこにあるのだろうか。それがハイデガーの技術論の基本的な問いである。この問いに対する一般的な回答は、技術とはある目的に対する手段を製作するものである、ということだろう。こうした考え方は、技術の善し悪しはそれがどのような目的のために使用されるかにあって、技術そのものは価値中立的である、という発想に帰結する。現代においてもこうした見方は根強く残っている。

しかし、ハイデガーはこうした見方を拒否する。彼は、技術が何らかの外的な目的によって設定され、かつ、人間がその目的を任意に設定することができる、という発想を取らない。むしろ、彼の考えでは、技術そのものがある運動を引き起こし、絶え間なく発展し続けようとするダイナミズムを有しているのだ。彼はそうした現代技術のダイナミズムを「集‐立（Ge-stell）」（ハイデガー 二〇〇九）と呼ぶ。

集‐立をめぐるハイデガーの議論は、高度に抽象的だが、その要諦はさしあたり次のように説明できるだろう。集‐立とは、技術開発のために役立てられる資源として自然を扱うよう、人間を駆り立てるダイナミズムである。人間は技術を発展させるために自然界を搾取する。それが引き起こされるのは、技術が、「エネルギーを、つまりエネルギーそのものとして掘り出され貯蔵されうるようなものを引き渡せという要求を、自然にせまる」（ハイデガー 二〇〇九）からである。そのとき自然は、単なるエネルギー貯蔵庫として眺められるようになり、その本来の姿を奪われてしまう。「自然のなかに隠匿されたエネルギーは掘り当てられ、掘り当てられたものが作り変えられ、作り変えられたものが貯蔵され、貯蔵されたものがさらに分配され、分配されたものがあらためて転換される」（ハイデガー 二〇〇九）。当然のことながら、エネルギーは燃料として消費される。ハイデガーは、このように技術によって搾取され、最終的に消費されてしまう自然のあり方を、「用象（Bestand）」（ハイデガー 二〇〇九）と呼ぶ。

こうした現代技術のダイナミズムの中枢に位置づけられるのが、原子力である。ハイデガーによれば、「大地は鉱石のために、鉱石は例えばウランのために、ウランは破壊あるいは平和利用のために放出される原子エネルギーのために調達される」（ハイデガー 二〇〇九）。それは言い換えるなら、「大地」が原子力のために用象と化しているということ、ただそこからエネルギーを消費され、役に立たなくなったら捨てられてしまうような対象に成り下がっている、ということだ。このようにして自然を用象化し、非本来的な姿へと貶めることによって、現代技術は成立しているのである。

ここで重要なのは、技術がそれ自身のダイナミズムによって運動するものである以上、人間はその技術の主人ではない、ということだ。前述の通り、人間は自然を用象化するよう駆り立てられている。それは人間自身がこのダイナミズムの一部に組み込まれているということだ。このような観点から、ハイデガーは現代の技術において人間もまた用象化されており、単なる資源として扱われている、と指摘する。人間は、労働力というエネルギーとして扱われ、技術を開発するために消費され、やがて廃棄されるのであり、そのようにして非本来的な生を強いられる。こうした点に、現代の技術の根本的な問題があると、ハイデガーは主張する。

「原子力時代」への診断

以上のような技術論の枠組みを前提にしながら、「原子力時代」(ハイデガー 一九六三)が抱える根本的な問題について、ハイデガーは次のように分析している。

人々は次のことを熟慮していない。すなわち、ここでは技術によって、人間の生命と本質とに対して、一つの攻撃が準備されている。その攻撃と比較すれば、水素爆弾の爆発など大して重要ではない。何故なら、水素爆弾が爆発しないとき、地上において人間の生命が維持されるとき、まさにそのときこそ原子力時代とともに世界のある不気味な変動が立ち現われてくるからだ。(ハイデガー 一九六三:二二頁)

常識的には、核兵器が危険なのは、それが核戦争をもたらすからである。しかしハイデガーはそうした発想を逆転させる。彼によれば、むしろ核兵器が「爆発しないとき」にこそ、原子力時代の脅威が迫ってくる。

ここには原子力に対するハイデガーに独自の視点が示されている。同時代の哲学者たちの多くは、原子力の問題を、それが人類の存続を危うくするという点に見出していた。しかし、ハイデガーはむしろその危険性が解消されるときにこそ、「世界のある不気味な変動」が引き起こされてくる、と指摘するのである。

では、その変動とは何だろうか。ハイデガーによれば、それは「この時代において本当に到来しているものに対して、事態に即した仕方で熟慮し思考しながら向かい合うということを、人間がこの世界の変動のために準備しておらず、また私たちにはそれが依然として不可能である、ということ」（ハイデガー 一九六一）に他ならない。言い換えるなら、原子力時代において直面する事態に対して、人間が十分な準備をもって思考することができなくなっていること、しかもそうした思考の困難さそのものが、この事態に含まれたものである、ということだ。この意味において「原子力時代」とは、単に原子力によって支えられた世界なのではなく、それについて思考できなくなるような事態へと、人間を直面させる世界なのである。

核戦争の勃発が現実の可能性として懸念されている限り、原子力は懸念すべき課題として人々から意識され続けるだろう。しかし、それは人類がまだ原子力を完全に制御できていない段階に留まる。それに対して、「原子力時代」が真に完成するのは、核戦争の可能性が完全に排除され、原子力が何のリスクもなく安全に運用されるときである。それは同時に、人間が原子力に対して何の懸念も抱かなくなり、それによって原子力について何も思考しなくなる、ということをも意味している。そのようにして、自らが置かれている事態——すなわち、自然の用象化——について思考できなくなることを、ハイデガーは原子力の脅威として考察するのである。

思考の両義性

もちろん、技術を行使するためには知性が必要であり、それは原子力においても変わらない。例えば核兵器を開発したり、原子力発電所を設計したりするためには、当然のことながら高度な計算能力が必要になる。しかし、原子力時代において奪われるものとしてハイデガーによって想定されている知性は、これと異なるものである。

ハイデガーは人間の知性を「計算する思惟」と「省察する思惟」という二つに区分している。計算する思惟は、ある特定の目的のために、できるだけ少ないコストで解決策を案出するような思考のあり方である。原子力に関する技術開発に用いられるのはこうした知性だろう。彼はその特徴として、ある種の落ち着きのなさを挙げている。計算する思惟は、ただちに答えを提示しようとする知性であり、答えが確定していない状態を即座に解消しようとし、試行錯誤する。言い換えるなら、この種の思考は、未確定の状態に留まって思考し続けることができないのだ。

それに対して、省察する思惟は「私たちが身近に存する事柄の傍らに留まり、そしてもっとも身近に存する事柄に思いを潜める」(ハイデガー　一九六三)知性のあり方である。それは、何らかの目的を達成するためにではなく、ただじっくりと物事を考えようとする知性のあり方であり、「時として計算する思惟よりもいっそう高度の労苦が要求される」。(ハイデガー　一九六三)そこに目的がない以上、この思考はそもそも答えに辿り着くことを目的にしていない。したがってそれは、計算する思惟とは異なり、答えが確定しない状況に留まることができる。例えば哲学的な考察は、こうした省察する思惟の一つの典型だろう。

原子力時代において奪われるのは、まさにこの省察する思惟に他ならない。ハイデガーは次のように述べる。

第三次世界大戦の危険が除去されたとき、まさしくそのとき、ある一つの遥かに大きな危険が、すでに現れはじめつつある原子力時代において、脅威として忍び寄ってくる。奇妙な主張ではある。もちろんだ。しかし、この主張が奇妙に聞こえるのは、私たちが熟慮していない間だけのことである。……いま語られた言葉は、一体どのような点において妥当するのだろうか。原子力時代において広がりつつある技術革命が、いつの日にか計算的な思考が唯、一、の、思考として正当化され慣習化してしまうような仕方で、人間を束縛し、妖惑し、眩惑し、盲目にするかも知れない。その限りにおいて、上述の言葉は妥当なのだ。（ハイデガー　一九六三：二九頁）

前述の通り、水素爆弾が爆発しなくなるとき、そのようにして「第三次世界大戦の危険が除去されたとき」、人間から省察する思惟は奪われていく。それによって、人間が原子力時代において直面している事態――自然の用象化――について思考することができなくなり、人間は現代技術のシステムのなかに飲み込まれてしまう。それは、言い換えるなら、「計算的な思考だけが唯一の思考として」扱われるという事態に他ならない。この意味において原子力時代とは、人間が計算するという形でしか物事を思考できなくなる世界として立ち現れるのだ。

抵抗としての「放下」

ただし、こうした原子力時代の脅威に対して、いかなる抵抗の手段も存在しないわけではない。ハイデガーは、現代において危機に瀕した省察する思惟の実践を、「放下（Gelassenheit）」という概念で以下のように表現している。

確かに私たちは技術的な対象を利用することができる。しかし同時に、それらを事柄に相応しく使用する際に、私たちは、どんなときでも技術的な対象物を手放してしまうという仕方で、自らをそうした対象物から自由にしておくこともできるのだ。私たちは技術的な対象物を、使用されざるをえない仕方で、使用することができる。しかし、それと同時に、私たちは技術的な対象物を、もっとも内奥の点と本来の点とにおいては私たちには関係がないものとして、それら自身のうえに置き放つことができる。私たちは、技術的な対象物を避けがたく使用することに対して、《然り》ということができる。そして同時に、技術的な対象物が私たちを独占するように何かを要求し、そのようにして私たちの本質を歪曲し、混乱させ、ついには荒廃させることを、私たちが技術的な対象物に対して拒否する限り、私たちは《否》と言うこともできる。……私は、技術的な世界に対して然りと否とを同時にいうこの態度を、ある一つの古語で呼びたい。すなわちそれは、ものへの放下、である。（ハイデガー　一九六三：二六頁）

前述の通り、計算する思惟は答えを確定させようとする。そこでは、問いに対しては肯定か否定かのいずれかが下される。それに対して、省察する思惟を働かせること、つまり問題に対して「放下」の態度を取るということは、そうした肯定か否定かの二者択一を即座に判断することなく、その問いを開かれたものとして思考し続けることができる。

ハイデガーの主張が興味深いのは、彼の発想を応用した場合、原子力時代を肯定するだけではなく、それを即座に否定することもまた、実は省察する思惟を逸したあり方である、と考えられることだ。ある種の人々は、原子力の問題に対して即座に否定の立場を採る。しかし、そのように即座に判断すること自体が、原子力時代に取り込まれた計算する思惟の発露にほかならない。もちろん、そのような態度によって、世界から個別のテクノロジーを、つまり核兵器や原子力発電所を無くすことはできるかも知れない。しかし、その根底にある計算する思惟が相対化されない限り、原子力時代を支配する自然の用象化と、それに伴う人間性の喪失という危機は、根本的には解決されないままに留まることになる。

以上において概観してきたハイデガーの原子力論において特徴的なのは、原子力の根本的な脅威として、人間の生が非本来的なものになり、そうした状況について人間自身が思考できなくなり、かつ、原子力が爆発も事故も起こさなくなったときにこそ、そうした危機が全面化すると考える点である。ただし、それは原子力そのものの問題ではなく、原子力を中枢とする現代技術のシステムそのものが抱える問題でもある。この意味において、彼の原子力論は非常に広域な射程を有しているが、そうであるがゆえに、現実に原子力テクノロジーが喚起する具体的な社会課題に対して、応用するのが困難である、という一面も有している。

2　民主主義と管轄的思考——ヤスパース

ハイデガーから影響を受け、独自の実存哲学を構想したことで知られるカール・ヤスパース（Karl Theodor Jaspers 1883-1969）は、『原子爆弾と人間の未来——われわれの時代の政治意識』（一九五七年）において、原子爆弾によって喚起される政治的な問題を分析した。彼の議論の特徴は、ハイデガーとは異なり、原子力の問題を解決するために求められる国際社会のあり方を構想する点にある。

時代の宿命としての原子爆弾

ヤスパースによれば、「今日、原子爆弾の出現に直面して、専門家は、戦争の意味と結果に根本的な変革をもたらす宿命的なものを感じているように見える」（ヤスパース 一九五五）。彼が強調するのは、核兵器が持つ極めて大きな破壊力である。周知の通り、核兵器が全面的に使用されれば、人類の絶滅が引き起こされる可能性がある。これまで発明されてきた兵器のなかで、それほどの破壊力を持つものは他に存在しない。

ヤスパースは、核兵器の問題を技術的に解決することはできない、と考える。言い換えるなら、核兵器の脅威から人類の存続を守る防御施設を発明することはできない。そうである以上、その破局を確実に回避する手段は、人類に核兵器を使うことができない状況を作ること、すなわち核兵器を全廃すること以外にない。ただし、核兵器の全廃は、すべての国家が一致して、一斉に行われなければ意味がない。そうした核兵器の全面的な廃棄が可能であるためには、その点において世界が意見を一致させ、その意味で世界が平和でなくてはならない。したがって、核兵器の脅威の回避は、世界平和をその条件とするのである。言い換えるなら、世界が平和ではない限り、人類は核兵器の脅威から免れることができない。

それでは、世界平和はどのようにして実現されるのだろうか。ヤスパースによれば、そのためには国家が「野獣のごとく相互に対立している状態」から、「諸条約の法に基づく国家共同体」（ヤスパース 一九六六）へと移行することが必要である。しかしこのことは、国家の多様性が失われることを意味するわけではない。「平和は闘争のないことではない」（ヤスパース 一九六六）。なぜなら、人間は闘争によって他者を愛し、互いを理解し合うことができるからだ。そうした他者との「交わり（Kommunikation）」が共同性の基礎となる。ヤスパースは、こうした共同性に基づいて暴力が停止されることを、「内的平和」と呼ぶ。

ヤスパースによれば、こうした国家間の内的平和が形成されるためには、それに先行して、それらの国家を構成する人々の間にも内的平和が成立していなければならない。「平和は自分の家庭から始まる。世界平和は諸国家の内部の平和と共に始まる」（ヤスパース 一九六六）。この意味において平和はボトムアップに形成されるものである。それでは、規模の大小にかかわらず、そもそも平和はどのようにして成立するのだろうか。ヤスパースはその条件として自由を位置づける。「平和は自由によってのみ存在する」（ヤスパース 一九六六）。自由が保証されているときに、はじめて、人々は互いに議論を交わすことができるのであって、そうした闘争によって共同性を形成することができるのである。

このような観点から、ヤスパースは、人々に言論の自由を保証する民主主義こそが、世界平和の基礎となる政治のあり方であると訴える。それに対して、そうした自由を抑圧する全体主義は、核兵器の脅威をエスカレートさせるものとして位置づけられる。

民主主義の条件

核兵器を廃絶するためには民主主義が尊重されなければならない。そこでは人々は自由に言論を交わすことができる。このような思想の背景には、そうした議論によって人々の間に共同性が樹立されることへの希望が、いわば理性への強い信頼が示されている。

世界の秩序を、それを配慮するであろう幾人かの理性的な人間から期待することは、欺瞞であろう。理性は、有効性と持続とを獲得するためには、民衆のなかに入り込んでいかなければならない。したがって「民主主義」が不可欠である。民主主義の意味は、一民族と、また諸民族相互間の、共同の思考と行動において理性を錬成することである。(ヤスパース 一九七一b：三五七–三五八頁)

民主主義を、議論によって形成される共同性として考えることは、翻せば、その国家に属するすべての人間に議論への参加を求める態度である。すなわちそこではすべての人間が自らの理性を発揮し、「錬成」することを求められる。反対に、公共の問題について議論に参加することなく、他者に判断を委ねることは、民主主義社会においては望ましくない。当然のことながら、そうした開かれた議論が可能であるためには、公共の問題に関する情報の開示が必要である。したがって、民主主義は専門家による知識の独占に抵抗しなければならない。

しかし、こうした民主主義の条件、すなわち開かれた情報の開示に基づく、すべての国民による議論は、まさにそれによって解決されるべき核兵器をめぐる問題によって、大きな脅威にさらされている。ヤスパースは次のように述べる。

ひとは原子の危険に関して何も知らずにいられたらそれが最も好ましいと思っている。ひとは次のように言って逃げようとする――「全体的な破局の脅威の下では、いかなる政治もいかなる計画も立てようがない。われわれは生きたい。死にたくないのだ。しかし、あの禍いが始まっては、すべては終わりである。それについて考えることは何の意味ももたない。」それはあたかもこの事柄が、それについてひとが儀礼的に沈黙するものに属しているごとくである。それというのも、その事柄が生を堪えがたくすることが危険だからだ。(ヤスパース 一九七一a：四一頁)

ヤスパースによれば、核兵器をめぐる問題について、人々は自ら「沈黙」しようとする傾向にある。前述の通り、彼は核兵器をあくまでも国際社会の政治的な問題として捉える。そうである以上、人々が議論を交わして解決するべきなのは、そうした政治的な問題であり、具体的には、国家間で発生した何らかのトラブルである。しかし、その議論の俎上に核兵器に関する話題が上ると、人々の思考は停止し、それ以上の理性的な議論を継続することができなくなってしまう。それは、人類の絶滅を視野に含めて議論すること自体が、人々にとって大きな苦痛だからである。

「管轄的思考」の限界

人々は核兵器に関する公共の問題について議論することを避ける。その結果、この種の問題について判断を下す役割は、一部の専門家に委ねられる。例えばそれが政治家や軍人である。しかし、そうした専門家は、あくまでも自分に与えられた役割として議論に参加し、判断を下す。それが役割である以上、それらは細分化され、その役割が正当性をもつ管轄に区分されていく。それによって専門家は、あくまでも自分の管轄の範囲内でのみ議論し、問題を意図的に狭め、限定していく。

ヤスパースは、このように議論を専門家に委ねようとする思考のあり方を、「管轄的思考」と表現する。「例えば学問においては諸専門の特殊化が、管理の機関においては諸管轄が、政治においては事を切り盛りする係員の多様性が避けられえない」（ヤスパース 一九七一 a）。それは、言い換えるなら、専門家が自分の管轄を超えて物事を思考したり、議論したりすることができない、ということでもある。こうした思考が有効に機能する問題が存在するのは事実だろう。例えば事務的な業務や、共同で人工物を製作するときには、管轄的思考を避けることができないだろう。しかし、こうした思考によって判断されること自体が適切ではない問題もまた、存在する。例えばそれが核兵器をめぐる問題である。ヤスパースは次のように述べる。

管轄的思考の限界（すなわち、全体に関するものであって誰もの事柄であるような問題が存在するということ）は、原子爆弾の問題において明らかである。原子爆弾の問題は専門家たちの特殊な処置によって間違いなく解決を見いだしうるような単独の問題ではない。それは、今日、いろいろと他にもある問題のなかの一つの問題ではなくて、生存問題一般、存在か非存在かに関する問題なのである。それは、われわれがそうでなくてもなしうる、また問いうるすべてのものの上にその影を投げる。その解決は、どの特殊の認識どの特殊の行為もとどかず、ただ人間自身だけが届くところの、人間存在の奥ふかいところに横たわっている。ここにおいて、人間には、管轄において人間に割り当てられた課題の正面きった場所では答えることのできない課題が提出される。（ヤスパース一九七一ａ：五四頁）

なぜ、管轄的思考は核兵器の問題を扱うのに適していないのか。それは、核兵器の問題が、人類の存続に関わるからである。そこで議論されるべきことは、管轄によって細かく区分されうるものではなく、むしろすべての管轄をそのうちに含む全体に他ならない。どのような管轄に属する人間が論じようとしても、核兵器の問題は、その管轄を逸脱する論点へと波及していく。したがって、専門家が自分の管轄にだけ定位して議論しようとするなら、それはそもそも不可能なのである。ヤスパースはここに管轄的思考の限界を指摘する。

原子力の平和利用

核兵器をめぐるヤスパースの思想を要約すれば、それは次のようになるだろう。核兵器は人類の存続を脅かす破壊力を持つ点で特異である。しかし、そうした可能性があるために、人々は原子力に関する議論に苦痛を感じ、専門家に判断を委ねようとする。一方で、核兵器が喚起する問題は人類の全体に関わるものであり、そもそも特定の専門家には判断することができない。そのうえ、人々が自ら議論に参加し、理性を錬成していく努力をしなければ、国際社会に平和をもたらすことはできない。そうした平和こそが、核兵器の廃絶を可能にするのだ。したがって、もしも私たちが核兵器の脅威を根本的に解決することを望むなら、たとえ苦痛であったとしても、核兵器が関わる公共的な問題について思考し、議論することを避けるべきではない。

一方で、人類の存続を脅威にさらさない限りにおいて、ヤスパースにとって原子力は決してそれ自体として危険なものではない。したがって、原子力発電について、彼は楽観的な立場を取っている。

不安にみちた興奮が、原子エネルギーの平和的な生産および使用の危険にむけられるとき、それもまた一つの逸脱である。「絶対安全な機械」などというものはないし、また災害というものも除去されることはできない（すでに一九五七年にそのような災害がウィンドスケールのプルトニウム工場――英国――に現れたし、これとおなじ形態で繰り返されることはほとんどないだろうが、別の形態でおこることは依然として可能であろう。）しかしながら、管理が十分であれば高度の安全性が達成されうるものであることが、信憑性のあるものとして報告されている。危険な残屑物は恐れ

る必要はなく、深い穴の中に埋めて無害に済まされることができるとのことである。（ヤスパース一九七一a：三四頁）

ヤスパースがこの文章を書いているとき、世界ではまだ巨大な原発事故が起きていなかったし、高レベル放射性廃棄物の最終処分場が喚起する様々な社会課題についても、本格的な議論が起きていなかった。それを考慮するとしても、彼の原子力発電に対する態度は、核兵器に対するそれと比較して、著しく異なったものであると言える。この点で彼の原子力論は、核兵器よりも原子力発電のうちにこそ原子力の根本的な脅威を洞察したハイデガーのそれと、対立するものであると言えるだろう。

3 想像力の限界——アンダース

フッサールのもとで哲学を学び、ハイデガーからも大きな影響を受けたギュンター・アンダース（Günther Anders 1902–1992）は、広島・長崎への核攻撃に衝撃を受けて以降、一貫して現代社会と原子力の関係を批判的に問い直した。彼の原子力論は主著『時代遅れの人間』（第一巻：一九五六年／第二巻：一九八〇年）を始めとして、様々な著作のなかで展開されている。彼の基本的な主張は、原子力は人間によって制御することが不可能なテクノロジーであり、そうであるからこそ、人間がそれを安全に運用できるという発想は楽観的である、というものだ。

「プロメテウス的落差」

ヤスパースと同様に、アンダースは核兵器の根本的な脅威を、それが人類を絶滅させうる破壊力を持つという点に見出す。彼によれば、そうした特徴を持つことによって、核兵器は他の様々な技術とは一線を画す存在になる。前述の通り、一般的に技術はある特定の目的のための手段の製作である。しかし、何らかの目的のために核兵器を使用しても、それが全面的な戦争に発展すれば、当初の目的は無意味なものになってしまう。人類にとって、人類の絶滅によって無意味化されないような目的は、そもそも存在しない。したがって核兵器はいかなる目的によっても正当化されえない技術なのである。このような観点から、アンダースは核兵器がいかなる意味においても技術的な手段ではないと主張する。なぜなら、「核兵器が投下されれば、その最小限度の効果でも、人間によって設定されるどれほど大きな（政治的、軍事的）目的よりも大きく、『効果が目的を超え』て、効果はいわゆる目的より大きいばかりか、一切の目的設定を疑わしいものとすると予測され、手段の今後の使用を疑わしいものとし、手段‐目的の原理そのものを消し去る」（アンダース 一九九四a）からだ。

こうした核兵器の威力の大きさは、それに対する人間のコントロールを困難にする。アンダースは次のように述べる。

> あらゆる能力には量と程度との特有の関係がある。「容量」「感度」「性能」「射程」がそれぞれに異なる。例えば今日、大都市の破壊は、簡単に計画され、われわれが作った破壊手段で実行される。しかし、その結果を想像し、把握することはごく不十分にしかできない。――それにもかかわら

ず、想像できる煙や炎、残骸の曖昧なイメージは、破壊された都市を考えて感じられ、責任を負えるものの少なさに比べれば、それでもなお非常に多い。――あらゆる能力には性能の限界があって、それを超えると働かなかったり、変化を認められなくなったりする。諸能力の射程は完全に一致するものではない。（アンダース 一九九四a：二八〇頁）

テクノロジーをめぐって、人間には様々な能力が備わっている。例えば、テクノロジーの開発を計画する力もあれば、その効果を想像する力、またそれが使用された結果に対して責任を負う力などである。それらが調和している限りにおいて、人間にはそのテクノロジーをコントロールすることができる。しかし、そうした能力にはそれぞれ「性能の限界」があって、「諸能力の射程は完全に一致するものではない」。そして、そうした不一致を顕在化させるテクノロジーこそ、原子力に他ならない。なぜなら人間は、核兵器によって都市の攻撃を「計画」することはできるが、その結果として引き起こされる光景を「想像」することはできないし、またその結果に対して「責任」を負うこともできないからだ。アンダースは次のように述べる。

水素爆弾を製造することはできるが、自分が製造したもののもたらす結果をまざまざと思い描く力はない。――同様に感情も行為におくれをとっており、何十万回も爆弾で破壊することはできても、死者を悼んだり後悔したりすることはできない。（アンダース 一九九四a：一七-一八頁）

例えば、広島に投下された原子爆弾の犠牲者はおよそ一〇万人に上る。しかし人間には、この一〇万人という数の犠牲者の姿を想像することはできないし、またその死に心を悼めることもできない。それは人間が想像したり哀悼したりできる限界を超えた数なのである。しかし、そうした閾値の外れたテクノロジーを開発する力は、有している。このようにして引き起こされる諸能力の不調和が、原子力に対するコントロールを根本的に困難にする。

アンダースは、このように原子力によってもたらされる人間の諸能力の不調和を、「プロメテウス的落差」と呼ぶ。このように、原子力そのものの危険性を、それを扱う人間の能力の限界のうちに見出す点に、アンダースの原子力論の特徴があると言える。

イーザリーのケース

原子力は人間の想像力の閾値を超えている。それは、原子力を使用することに対する人間の心理的な抵抗を無効化する。もしも、核兵器が使用されることによってもたらされる光景を、人間がありありと想像できるなら、その光景の恐ろしさによって、人間は核兵器の使用を躊躇するだろう。しかし、人間にはそうした光景を想像することができない。したがって、人間は翻って何の躊躇もなく核兵器を使用してしまう可能性がある。

アンダースはその具体例として、広島への核攻撃に携わったパイロットのクロード・イーザリーのケースを挙げている。

> 彼の告白したところによれば、広島に向かって飛行中だけでなく、そして彼が原爆投下のサインを出しているあいだだけでなく、さらにそれから後の何日かの間も――彼は、それが何日間だったかおぼえていなかった――あのとき、一体全体、彼がどんなことにかかわっていたのか、まだ全然わかっていなかった、「私は何をしでかしてしまったのか」。むしろ、本当のおどろき、恐怖、理解、そして懺悔は、彼が廃墟と化した広島市と焼けて炭のようになって水面をただよう死骸の最初の写真を見せてもらったときに、はじめて始まったのだ。（アンダース 一九八七：二八―二九頁）

すなわちイーザリーは、核攻撃を行なっている前後、自分が何をしているのかをまったく理解していなかった。もちろんそれは、彼が自分の任務の全容について情報を隠されていた、ということではない。彼は自分が核兵器で広島を攻撃するという任務に自分が就いていることを知っていた。しかし、彼にはそれが何をもたらすのかを想像することができなかったのである。その後、被爆地の写真を見せられることで、初めて彼は自分の行為を理解することができた。彼はその後、精神疾患を患ってしまったという。もしも彼が、核攻撃に参加する前に、その結果を想像することができていたら、彼は決してその任務を引き受けなかっただろう。言い換えるなら、彼の核攻撃の参加を可能にしたのは、それが彼の想像力を逸脱する行為だったからであり、その意味で、プロメテウス的落差を引き起こしたからである。

原子力発電の危険性

原子力は、人間の想像力を逸脱するエネルギーをもたらす。それは核兵器に限ったことではない。原子力発電においても、同様の問題が引き起こされる。アンダースは次のように述べる。

> 今日の機械を見ても、――ＣＥＲＮ〔欧州原子核研究機構〕の通路が忘れられないのも、それが何も語っていなかったからだ――、それを規定している力が何かはほとんど分からない。そういう事情がわれわれに分からないのは、技術が非常に複雑になったために、技術に感性が追いつけなくなったからか（事実、今日の技術は「超感性的」である）、機械が眺めるに値するほどの外観を持たず、機能に合うようにしか作られておらず、いわばついでに偶然「そう見える」にすぎないからである。例えば原子力発電所は（意図的に世間の目から隠されているのではなくても）「何であるか」が分からないような外観を備えている。それは、煙突つきのモスクのように見える。そして少なくとも（これもその裏の事情の一部だが）それが何を成し遂げ、何事を引き起こすか、それがどういう法外な機能を秘めているか、どういう恐ろしい危険を隠しているかを示さない。原子力発電所関係者がいつも宣伝パンフレットに牧歌的な建物の写真をつけて、いかに安全であるかを「証明」しようとするのは決して偶然のことではない。（アンダース 一九九四b：四七一頁）

アンダースによれば、原子力発電の外観は、それが引き起こすことのできる出来事の深刻さと、対応していない。もしも原子力発電所が深刻な事故を起こせば、途方もなく長い期間にわたってその周辺に人が住めなくなる。それほど恐ろしい破局を引き起こすことができるにもかかわらず、原子力発電所は、あたかも「煙突つきのモスク」のように見える。それによって、人間は原子力発電所に対して、それに相応する警戒心をもつことができなくなり、楽観的な態度を取ってしまう。そうした態度が、翻って、事故のリスクを高めることになるのである。

この点において、アンダースはヤスパースと対照的な立場を取る。ヤスパースは、原子力発電に対してはあくまでも楽観的な態度を取っていた。彼にとって問題だったのはあくまでも核兵器であって、原子力発電はコントロール可能なテクノロジーだった。しかし、アンダースの立場から考えるなら、まさに原子力発電がコントロール可能だと考える発想自体が、想像力が停止していることの証なのである。

4 公共性の破壊——アーレント

政治思想家のハンナ・アーレント（Hannah Arendt 1906–1975）は、現代の全体主義のなかで脅かされた政治の本来のあり方を探究した主著『人間の条件』（一九五八年）のなかで、次のように述べている。「今日私たちが生きている現代世界は最初の原子爆発で生まれたのである」（アーレント 一九九四）。彼女は、原子力が抱えている根本的な脅威を、独自に練り上げられた政治思想と重ね合わせることによって、鮮明に浮かび上がらせるのである。

公的領域と世界

議論の出発点として、アーレントの政治思想の基本的な枠組みを確認しておこう。彼女は『人間の条件』において、政治を成り立たせている人間の能力を「活動（action）」と呼び、活動が展開する空間を、私的領域から区別された公的領域として位置づける。彼女によれば、私的領域と公的領域の根本的な違いは、前者において人間が私的利害を追求するのに対して、後者において私的利害を克服している、という点にある。私的領域において人間は自由ではない。なぜなら、私的利害の追求は自らに与えられた自然的な条件に服従することを意味するからだ。それに対して、そうした私的利害を克服する人間は自由である。そうである以上、公的領域に参入するためには、人間は自由でなくてはならない。

このことは、アーレントが政治の条件として何よりも自由を尊重していたことの証でもある。彼女は、古代ギリシャにおける政治を念頭に置きながら、その本来のあり方を次のように説明する。すなわち、政治とは人間が公的領域において自らの姿を現し、言論によって新しい活動を始めることである。そうした活動が可能であるために、人間は自由でなくてはならない。私的利害に囚われている限り、人間は自らの意見をありのままに自由に語ることができず、したがって言論によって自らの姿を現すことができないからだ。

ときに、公的領域での発言は、自らの命に関わるものにもなりうる。しかし、そうした場面においても、自らの意見をありのままに語るべき空間こそが、公的領域である。そうである以上、政治において人間は自らの命を賭けて活動することができなければならない。だからこそ、古代ギリシャにおいて政治の美徳とは何よりもまず勇気であった。勇気とは、私的利害からの自由によって発揮されるものであり、人間が政治に参加するための条件にほかならなかった。

ただし、そうであるとしたら政治はそれに参加する者にとってあまりにもリスクの大きなものである。アーレントは、政治に参加する者に対する慰めとして、その政治家の活動が記憶されることを挙げている。政治家は、ときに自らの命を懸け、その政治的な活動のために死んでしまうかも知れない。しかし、そのようにして勇気を発揮した政治家は、その共同体の歴史に名前を刻み、永遠に記憶される。そのように、自分が死んだあとにも自分の活動が記憶されることを信頼できるからこそ、政治家は自らの私的利害を離れ、活動に自らの命を懸けることができるのだ。

興味深いのは、アーレントがそうした記憶を可能にするための条件として、人工物によって構成された「世界（world）」が必要だと述べている点である。世界は「自然（nature）」と鋭く対立する。自然の本質が生成消滅であるのに対して、世界を構成する人工物は、それに対して適切な手入れがなされる限り、自然の生成消滅に抗って、長期間にわたって存続する。例えば都市は一つの世界だが、その都市に存在する建築物は、世代を超えて存続する。そのように世代を超えた人工物の存在が、人々に自分が過去と連続する世界の一員であるということを実感させる。そうした歴史的な連続性が保証されているからこそ、人間は自らの活動が構成に記憶されることを信じ、勇気を発揮することができるのだ。この意味において、アーレントにとって、歴史の持続可能性は政治の条件なのである。

「宇宙エネルギー」としての原子力

以上のような政治思想の枠組みのなかで、原子力はどのように位置づけられるだろうか。アーレントによれば、世界は自然から得られた素材を加工することによって成立している。いかなる人工物も、自然を利用することなしには成立しない。例えば、都市に並ぶ建物が、建材として石を使う場合、その石は世界の外側にある自然から得られなければならない。あるいは、その都市の歴史を記録するための書籍が紙で作られているなら、それもまた自然に存在する樹木を利用しなければならない。

この意味で、人間はあくまでも地球の自然環境に条件づけられた存在なのである。世界は、その外側に広がる自然のなかに位置づけられているのであり、自然と世界は重層的な関係にある。ところが、アーレントによれば、原子力のテクノロジーはこの重層性では説明がつかないテクノロジーである。なぜなら、その技術の基礎をなす核分裂反応は、地球上の自然界では発生しない事象であるからだ。むしろその事象が起こるのは、地球の外部の領域、例えば太陽においてである。そうであるとしたら、世界の中で原子力を使うということは、地球の外部にある力を、直接的に世界のなかへと導入することを意味する。アーレントは次のように指摘する。

こうした事柄すべてにおいて生じた変化は、原子エネルギーの発見があって、もっと適切に言えば、核エネルギーの反応過程で推進されるテクノロジーの発明があって、初めて可能になったのである。それというのも、ここで解き放たれるのは自然の過程ではないからだ。むしろ地球上で自然には生起しない過程が、世界を創ったり破壊したりするために地上にもたらされてくるのである。こうした反応過程自体は地球を囲む宇宙からやってくるものであり、いま人間はそれを自分のコントロール下に置くことによって、もはや自然の生物としてではなく宇宙の中で自分の行く道を模索しうる存在として――その存在は、地球とその自然が提供する諸条件の下でしか生存できないという事実があるにもかかわらず――振る舞っているのだ。この宇宙エネルギーは馬力とか他の自然な尺度では測ることができない。またそれは地球外の性質を持っているので、人間によって操られる自然過程が人間によって創られた世界を破壊するのと同じように、地球上の自然を破壊しかねない。(アレント 二〇一八:二七六-二七七頁)

アーレントによれば、原子力によってもたらされる力は、「宇宙エネルギー」として理解される。それは、本来なら地球の内部に存在しないものであるがゆえに、地球の尺度で理解することも説明することもできないし、同時に地球を破壊する力を秘めている。本来は地球の自然環境に条件づけられた存在であるにもかかわらず、人間が原子力を頼ろうとしている事態は、現代社会が置かれている逆説的な状況なのだ。

アンダースと同様に、アーレントもまた原子力が人間には制御できないテクノロジーであると見なしている。ただ、彼女にとってその理由は、原子力が人間の想像を絶する破壊力を有しているからではなく、それが地球の自然環境に対してあまりにも異質な存在である、という点にある。こうした説明は、高レベル放射性廃棄物の最終処分に要するあまりにも長い期間を考えれば、一定の説得力を持っているのではないだろうか。

公共性の破壊

それでは、自然と世界の関係性を破壊する原子力は、人間の政治に――つまり、公的領域における活動に――どのような影響を与えるのだろうか。

前述の通り、アーレントは公的領域における活動の条件を、私的利害からの自由のうちに見出した。だからこそ政治家の美徳は、時に自分の命を賭けることができる勇気にある。しかし、そうした活動が可能であるためには、政治家は自分の活動が歴史に記憶されることを期待できなければならない。そして、そうした歴史の持続可能性を担うものが、世界に他ならない。

しかし、原子力はそうした世界を、地球にとって異質なエネルギーによって脅かす。例えば、全面的に核兵器を使用した戦争が起これば、人類は絶滅する可能性がある。人類が絶滅するということは、もはやその後に歴史が存続しなくなるということだ。しかし、そうであるとしたら、人々は自分の活動が後世にまで記憶されるという可能性を信じることができなくなり、自分の命を賭ける動機を得ることができなくなるだろう。政治家の美徳としての勇気が発揮される機会が妨げられていく。アーレントはここに、原子力が人間の政治に及ぼす根本的な脅威を洞察する。

現代の戦争の状況において、勇気はその古い意味を失ってしまった。人類の存続を危険にさらし、個人の生命だけではなく、ほとんどの場合においてすべての人々の生命をも危険にさらすことで、現代の戦争はほとんど一人一人の可死的な人間を、人類という種の意識的なメンバーへと変容させる。現代の戦争は、個々の死すべき人間を意識的な人類の一員へと変貌させる。人類の不死は勇気を出すためには確かなものでなければならず、その存続のためには何よりも大切でなければならない。（アーレント 二〇〇二：二六九頁）

政治家は、自分自身の命を賭けることができるからこそ、勇気を発揮することができる。そしてその勇気が、公的領域において政治家が何者であるのかを開示するのだ。しかし、核兵器によって「人類の存続」が脅かされているとき、政治家が賭けるのは自分自身の命だけではなく、すべての人間の命である。そしてそのとき、政治家自身もまた、死の危険にさらされた「人類」の中の一人に還元されてしまう。それによって、政治家が活動によって自らの個性を発揮すること自体が、不可能になってしまう。

アーレントによれば、勇気が発揮されるために、「人類の不死」は確実に保証されていなければならない。その条件が脅かされたとき、政治家は自らの私的利害を逃れることができなくなり、本当は思っていないことを言ったり、正しくないと思っている行為をしたりする。そのようにして、政治の領域は徐々に空洞化し、その力を奪われていくのである。彼女はこのような理屈によって、政治を無力化させるテクノロジーとして原子力を説明するのだ。

市民としての議論への参加

それでは、こうした原子力の脅威に対して、私たちはどのように抵抗していくべきなのだろうか。彼女によれば、そのために重要なのは、原子力の問題を専門家任せにすることなく、誰もが市民の一人として議論に参加することである。彼女は次のように述べる。

物理学者は、原子核の操作が途方もない破壊力を秘めているのを十二分に自覚しながらも、その方法を知るとすぐさま、ためらいなく核分裂に取り掛かった。この単純な事実は、まさに、科学者としての科学者は、地球上に人類が生きのびるかどうか、ひいては地球そのものが存続するかどうかについてすらまったく気遣っていないことを証明している。「原子力の平和利用」のためのすべての市民連合、この新しい力を賢明に利用せよというあらゆる警告、さらにはヒロシマとナガサキへの最初の原爆投下の際多くの科学者が感じたあの良心の呵責ですら、いま述べた単純で初歩的な事実を無視できない。というのも、科学者は、右のような運動に加わるときはいつも、科学者としてではなく市民として振る舞うからであり、かりにそこで科学者の声に素人以上の権威があるとしても、それは科学者がより正確な情報を知る立場にいるからにすぎない。(アーレント 一九九四:二七五-二七六頁)

アーレントによれば、「物理学者」は原子力の危険性を理解しているにもかかわらず、「ためらいなく核分裂」の研究を推進した。それは、原子力の専門家がその脅威について「まったく気遣っていないこと」の証明である。それに対して、原子力に反対する運動に参加する科学者は、専門家としてではなく、「市民として振る舞う」ことになる。それは、原子力によって人類の存続が脅かされている、という事態をどのように捉えるかということは、専門家に委ねられる問題ではなく、「素人」としての市民の判断に委ねられるべき問題であるからだ。

こうした発想は、彼女の師であるヤスパースによる「管轄的思考」への批判と重なり合う。一方において、それはアンダースの立場からすれば、依然として疑問の余地を残すものだろう。前述の通りアンダースは、そもそも人間の想像力が制約されているがために、人間には原子力に関する正しい判断ができない、と主張していた。そうであるとしたら、原子力をめぐる市民間の議論を有効に機能させるには、こうしたアーレントの発想と、「道徳的想像力」の形成を訴えたアンダースの発想の、ハイブリッドな方策を取ることが必要なのかも知れない。

5 破局の時間性――デュピュイ

ジャン＝ピエール・デュピュイ（Jean-Pierre Dupuy 1941-）は、アンダースやアーレントの思想に影響を受けながら、現代社会における破局の問題として、原子力について独自の哲学を展開している。主著『ありえないことが現実になるとき：賢明な破局論にむけて』（二〇〇四年）において展開される彼の原子力論において特徴的なのは、原子力によって引き起こされる破局と、それを回避するための方法が、時間性の観点から分析されていることだ。

破局の時間性

デュピュイは破局を、システムの崩壊として定義する。自然界における生態系や、人間社会における経済システムをはじめとして、「システムは、あらゆる種類の攻撃に対処し、その安定性を維持するためにとるべき手段を見いだすことができる」が、「ある種の危険な閾値を超えてしまうと、システムは急激に別のものへと転換」してしまい、その結果、システムが「完全に崩壊してしまったり、人間にとってきわめて望ましからざる特性を持つ他のタイプのシステムを形成してしまうこともある」（デュピュイ 二〇一二a）。そうしたシステムの全面的な変容が破局に他ならない。

しかし、私たちはあくまでも物事を既存のシステムのなかで意味づけ、理解している。そうである以上、破局は、既存のシステムのなかでは起こりえない。なぜなら、破局はそのシステムの枠組みを超える事象であり、破局そのものをシステムのなかに位置づけることはできないからだ。したがって破局は、定義上、予見しえないものである。デュピュイは次のように述べる。

> 破局というものが恐ろしいのは次の点にある。すなわち、われわれは破局が起こることを知るための十分な理性を持っているのに、そのことを信じられないのだ。（デュピュイ 二〇一二b：八〇頁）

デュピュイによれば、人間には破局が起きることを信じることができない。しかしそれは、破局の可能性を予測することができない、ということではない。例えば、核戦争にせよ、原発事故にせよ、それが起こる可能性を科学的に予測することは可能である。しかし、たとえ予測ができたとしても、私たちにはそれを現実に起こる可能性として理解することができない。なぜなら、私たちが何をどのように理解するのかは、私たちがどのようなシステムを前提にしているのかによって、完全に規定されているからである。

デュピュイは、そのように予測されているにもかかわらず、人々がそれを信じなかったがために引き起こされた破局として、原発事故を挙げている。

チェルノブイリ以前には、炉心が溶融し、コンクリート容器に流れ出す事態など想定されてさえいなかった。福島以前には、原子炉稼働停止が冷却システムの機能不全を伴うことなど考えられもしなかった。しかしそれらは実際に起こったのだ。すべての事態を想定しているといい聞かせ安心させると同時に、ほとんど論理的な帰結として、言い忘れてはならないことは、次に起こるであろう甚大な事故にわれわれは呆然としてしまうということだ。なぜなら、それを想定していないゆえに、それを予防するための手を一切打っていないからである。(デュピュイ 二〇一二a：iv頁)

原発事故が起きる可能性は、少なくとも科学的には、予測できたはずだ。しかし、その可能性が実現されるとしたら、それは私たちの生きる既存のシステムを根本から破壊するものになる。だからこそ、私たちにはその光景を既存のシステムのなかに位置づけることができず、したがってそれを現実の出来事として理解することができないのである。そのため私たちはそうした破局を「予防するための手」をまったく講じなくなってしまう。破局に対して無防備になり、その実現をむしろ促進してしまうのである。

破局をめぐるこうした着想は、アンダースから得られたものである。アンダースは、人間が原子力をコントロールすることができない理由を、それが人間の想像力を停止させるテクノロジーである、という点から説明していた。ただし、彼がその原因を原子力の破壊力の大きさから説明するのに対して、デュピュイはそれをシステムの崩壊から説明する。この意味において、デュピュイの発想に従うなら、アンダースが主張するように、ただ想像力を拡大するだけでは、破局を回避することには寄与しないだろう。それが可能であるためには、自らが帰属している既存のシステムを超えるような想像力を持つことができなければならない。

可能性と現実性

破局を回避するためには、さしあたり、それが本当に起きると信じることができなければならない。それに対して、私たちが既存のシステムの中で物事を理解している限り、それが実際に引き起こされるまでは、それは決して起こりえない出来事のように見える。しかし、デュピュイによれば、一度、それが実際に引き起こされると、破局はあたかも必然的に引き起こされたかのように見える。

例えば原発事故は、それが実際に発生するまでは、不可能な出来事であるかのように見える。だからこそ人々は事故のリスクに対して無防備になる。しかし、一度事故が発生すると、そこに至るまでのすべてのプロセスが事故の発生へと結びついており、その必然的な帰結として事故が起きたようにしか見えなくなる。例えば、そんな風に事故に対して無防備であれば、事故が起きるに決まっている、と思える。

このことは、破局が起きる前と起きた後とでは、それは違った仕方で認知されるということを意味する。破局が起こる前には、それは不可能な出来事として認知される。それに対して、破局が起きた後、それは最初から起こる可能性があったものとして、認知される。つまり、もしも人々がそれを予防するための手段を講じていれば、予防することができたはずのものとして認知される。このようにして、破局の様相は自己遡及的に書き換えられるのである。

ここに破局を予防するための手立てを講じることの困難さがある。破局が起きた後、その破局を予防する努力をしなかった人々は、愚かであったり、怠慢であったりしたかのように見える。しかし、このように理解することは危険である。なぜならそれは、愚かでさえなければ、怠慢さえしなければ、破局を予防することは可能だ、という前提に立っているからだ。しかし、前述の通り、あるシステムのなかで物事を理解している限り、私たちにはそのシステムが崩壊する可能性を信じることができないのである。それは、愚かでなかったとしても、怠慢をしていなかったとしても、変わらない。最高度に知的な人であったとしても、あるいは勤勉な人であっても、破局が起こる前に、その可能性を信じることができないという事態は、十分に考えられることなのだ。

したがって、破局を回避するために必要なのは、人間を賢くすることでも、勤勉にすることでもなく、破局が本当に起こると信じられるようにすることである。しかし、そのためにはどうしたらよいのだろうか。デュピュイは次のような提案をする。

人が破局を信じるのはそれが一度でも起こった時である、というのが基本的な所与となる。それが現実化した時、したがって遅すぎるのであるが、人は反応する。しかしながら伝統的な形而上学には、この袋小路の状況から抜け出すのに役立つ可能性のある概念がある。破局はわれわれの行く手にあり、それが住まうのは未来と名付けられた場所である。われわれが、現在という時間が持っている現実ないし現実性を未来に付与すればいいのである。（デュピュイ 二〇一二b：一四九頁）

すなわちデュピュイによれば、人間が破局を信じられるのは、それが現実に起きたときなのだから、未来において確実に破局が起きる、ということが信じられれば、それを回避することが可能になる。つまり、破局は、未来において起こりえる可能性を一つとしてではなく、必ず起こる可能性として理解されなければならないのだ。彼は、そのようにして破局を理解するための手段として、予言を挙げている。

不吉な予言のパラドクス

デュピュイによれば、予言はある特異な時間性のうちに成立する行為である。通常、私たちは過去を変えることのできない確定されたものと見なし、それに対して、未来をこれから変えることのできるまだ確定していないもの、開かれたものと見なしている。彼はこのように理解された時間の概念を「歴史の時間」（デュピュイ 二〇一二b）と呼ぶ。それに対して、予言は、むしろ未来を確定されたものとして提示する。例えばその具体例として挙げられるのは、「翌日の道路の混雑状況、次の選挙の結果予想、物価上昇率、経済成長率、温室ガス排出量の推移といった、近い未来がどうなるかを宣言する、多かれ少なかれ信頼に足るとされた声」（デュピュイ 二〇一二b）である。こうした予言は、それが確定された未来を告げていると信じられるからこそ、人々から信用される。

ただし、デュピュイによれば、予言は確定された未来を告げるものであるが、しかしそれに対して私たちが何にも選択することができない、ということを意味するわけではない。むしろ予言は、その予言に基づいて人々が選択することで、初めて実現する。例えば選挙の予測を見てから誰に投票するかを選択するとき、私たちはその選挙の予測を確定された未来として信じながら、しかし、自分が誰に投票するかは確定されていない、と考える。そして、そのように人々が自由に投票した結果が、その選挙の予測として告げられているのだろう、ということも理解している。

デュピュイはこうした予言という行為の立脚する時間性を、「投企の時間」（デュピュイ 二〇一二b）と呼ぶ。そこでは、確定された未来の予言に基づいてなされた自由な行為が、翻って、予言された未来を確定させていく。このように、投企の時間において、未来と過去は互いに影響を及ぼし合う円環的な関係にある。彼は次のように述べる。

過去ではなく未来が固定したものとみなされている場合、未来の予測に課されている制約は、その予測された未来に対する反応が原因となってその予測に戻ってくる。歴史の時間は樹形図のかたちをしていた。いまここで描写している時間はループ状であり、そのなかで過去と未来は互いに決定しあっている。（デュピュイ 二〇一二b：一七五-一七六頁）

ただし、破局を回避するための予言は、これらの通常の予言とは異なった構造を持つ。通常の予言は、人々がその予言に基づいて行為することで、その予言を実現するために行われる。それに対して、破局を回避するための予言は、その予言が実現されないために行われるのである。したがって、その予言は、確定された未来として告げられながら、それが未来において実現されないことを目的にしている。しかし、もしもそれが実現されないなら、その予言は最初から間違っていたことになる。したがってその予言に基づいてなされた行為もまた、すべて間違っていたことになる。デュピュイは、ここに破局を回避するための予言が不可避に陥る矛盾を洞察する。「破局を防止することに成功するのであれば、それが実現しないことによって破局はありえないものの領域に追いやられることになり、防止のための努力は、遡ってみれば、やる必要のない無駄なことだったと映る」（デュピュイ二〇一二b）。しかし、そうであるとしたら、結局のところ予言は誰からも信じられなくなり、効力を持たなくなるだろう。デュピュイは、それを有効に機能させるために、予言が立脚する時間性を修正するのである。

実現されなかった可能性

例えば、このままだと数年後に確実に原発事故が起きる、と誰かが予言する。それによって、私たちは、それまで信じることができなかった破局の可能性を、信じることができるようになる。しかし、だからこそ破局を予防するための選択をすることも可能になる。そうした予防措置が取られることによって、破局は回避され、原発事故は起こらなくなる。このとき、最初になされた予言は現実にならなかったことになる。そうであるにもかかわらず、破局の予防が無意味ではなかった、と考えるためには、実現されなかった予言は、しかし間違っていたわけではなかった、と見なす必要がある。デュピュイによれば、「予防とはつまり、望ましくない一つの可能性が、現実化していない数々の可能性から成る存在の次元へと送り込まれるようにすること」であり、「現実化していたかもしれなかったということが永遠に真であり続ける」(デュピュイ 二〇一一)と考えることに他ならない。彼は、チェルノブイリ原発事故を例にとりながら、次のように説明している。

「ヨーロッパは、居住不可能になるかもしれなかった」、もし……。後件を現実のものとする条件である前件「もし」を成立させるためには、チェルノブイリにはほんのわずかのものが欠けていただけだ。もしこれが成立していたなら、フランス国民である私が今日このような文章を書くこともできなかったろう。もしカタストロフィが核爆発に達していたなら——当時、反応炉の上部カバーを吹き飛ばした爆風は熱によるものだけだったのだが——キエフの町は地図から消え、ベラルーシという国は永遠に、生きるには適さない土地となり、ヨーロッパも、実際、いつまでとは決められぬものの一定期間居住不能の場所となっていたことだろう。あと少しで、爆発が発電所の屋根を吹き飛ばし、放出された大量の核分裂性物質が上空一キロにまで達し、一部は発電所内に残って、タンクの下の薄いコンクリートの床を灼くところだったのだ。そうすれば、それは反応炉を冷却するはずの地下の水と接触することになる。チェルノブイリは、一つの核爆弾となるところだった。そうなるのはあとほんの一押しがあれば十分だったのだ。(デュピュイ 二〇一二:九六-九八頁)

こうしたデュピュイの発想に従うなら、原子力による破局を回避するために、人間に求められる想像力とは、何よりもまず、回避された破局を現実的なものとして想像すること、実現されなかった可能性が、依然として真実であり続けていると想像することに他ならないだろう。それは、私たちが生きている運命に、いわば複数の平行するシナリオを認めることである。いま、たとえ平和な日常を送っているのだとしても、すべてが破局に飲み込まれていたシナリオが、同時にこの世界に存在する。そうした想像力を持つことが、破局が本当に起こると信じられるためには必要になるのである。

6　おわりに——原子力をめぐる哲学的な態度

以上において本章では、二〇世紀以降の哲学史のなかで原子力がどのように論じられてきたのかを、五人の哲学者を取り上げながら検討してきた。五人は、互いに強い影響関係を有しながらも、それぞれが独立した哲学を展開しており、原子力が喚起する問題について、多様な見方を切り開くものである。これらを概観することから浮かび上がってくる、原子力をめぐる哲学的な態度は、次のようにまとめることができるだろう。

原子力による破局を回避することができるのは、それが引き起こされる前である。しかし、実際に破局が起きなければ、人間にはその破局を現実のものとして想像することができない。したがって、私たちは原子力の脅威に直面しているのに、自らが置かれている状況について思考することができない。それが原子力の問題が抱える根本的な危険性である。

こうした危険性を前提にしたとき、原子力による破局を回避するためにまず求められるのは、私たちが原子力に対して通常とは異なる形で想像力を発揮し、議論することである。ただし、そうした議論はすべての市民に開かれたものでなければならならず、特定の専門家だけに判断を委ねるべきではない。なぜなら、原子力の破局はすべての人間を脅威にさらすものであり、そこでは人類全体が当事者になるからである。

冒頭で述べた通り、原子力エネルギーをめぐる議論の状況は大きく変化している。そうした状況のなかで、人間と原子力がどのように関係するのか、ということを、私たちは改めて問い直すべきではないだろうか。そのとき、原子力をめぐる哲学の議論の蓄積は、未来の社会を構想する上で、重要な示唆を有するはずである。

＊　＊　＊

【読書ガイド】

・森一郎『核時代のテクノロジー論』現代書館、二〇二〇年〔解題〕ハイデガーを中心にしながら、プラトン、アリストテレス、アーレントにも言及し、三・一一以降の日本社会における技術のあり方を考察し、遠い未来の世代との協働の倫理を構想している。

・佐藤嘉幸・田口卓臣『原子力時代における哲学』人文書院、二〇一六年〔解題〕日本社会における原子力発電所の倫理的課題を、未来世代への構造的差別という観点から論じ、民主主義的な手続きに基づく合意形成と、来るべき社会の姿を構想している。

・戸谷洋志『原子力の哲学』集英社、二〇二〇年〔解題〕原子力について論じた七人の哲学者を紹介し、それらの哲学者が共有する問題設定を検討しつつ、その思想史的な連関を検討している。

第4章 環境にやさしい世界とは何か
――環境における人間の位置づけの変化とエコの管理術

環境における人間の位置づけが変わってきている。[*1] 地球規模の自然環境問題が取り沙汰されるなかで人間中心主義は省察され、環境にやさしい世界のナラティブとして人間非中心主義の議論、なかでも生態系中心主義の議論が広く展開をみせている。また、その延長線上には脱人間中心主義という地球環境に与える人間の負荷そのものを問題とするナラティブもある。このような変遷のなかで、環境にやさしい世界のゴールに向けた価値理念は「文化」や「倫理」の「進化」を促し、それに合わせて自然科学の発展進歩に基づく科学技術を開発している。目指すのは、人間が環境に与えるあらゆる負荷を精緻化した情報データとして可視化できるようになることである。一方で、環境にやさしい世界の言説が自然科学に裏づけられたナラティブになるほど、それを受け取る子どもや若者は自然環境破壊の原因が明白に人間であることに傷つき、「エコ不安症」や「気候不安症」と呼ばれる現象に苛まれる事態となっている。本章ではここに環境における人間の位置づけが変化していることの一端をみ

＊1 ブラムウェルによれば世界における人間の位置づけを論じるのは「西欧の知的生活に基本的なこと」であるという（ブラムウェル 一九九二：一二頁）。

る。同時に、この変化はエコ不安の問題に止まらず、人間を生態系の一部と捉えるエコロジーの議論を加速させ、脱人間中心主義のシステムを具現化していくための方法論ともなっていく恐れについて述べる。

生態系中心の議論は脱人間中心の議論に連関している。その流れを論述する手始めに本章ではエコという言葉を検討する。本章におけるエコとは言葉の語源に立ち返り、家の管理術に関する議論のことである。エコという言葉には伝統的に、いかに賢く家の所有する自然（資源）を管理するのか、という使命と責任が息づいている。以上の意味においてエコは、エコノミーからポリティカル・エコノミー、そしてエコロジーへと管理すべき家の範囲を拡張させてきた。昨今、この家の極大化として提唱されているのが、地球という「私たちの家」の危機に警鐘を鳴らすエコサイドの議論である。エコサイド防止を目的とする国際法の制定を主張し、新たなエコの管理術＝地球の管理術を提起している。本章ではこのようなエコの管理術について、スチュワードシップがその倫理的な根拠となっていることを明らかにする。また、スチュワードシップはエコサイドだけでなく、エコノミーやエコロジーの議論においても賢いエコの管理術を要請する概念として関わっていることを論じる。

地球にまで拡張されるエコの管理術であるが、本章ではそれをエコシステムの議論として紹介する。環境にやさしい脱人間中心の世界を築くには、自然環境保護のため地球市民＝自立した個人になることを求められるが、そのような自己実現は容易ではない。むしろ、自己実現を果たせないことがエコ不安の一因ともなっている。本章ではエコの管理術が進むことで起きる事態について以下のように論じる。望まれる地球規模の自然環境保護を達成するには、自然と人間を区別して捉える人間中心主義ではなく、人間を生態系の一部として位置づける生態系中心主義の方法が有効となる。この方法に基づき、エコノミーやエコロジーを地球という家の管理術の下に新たに統合して管理するのがエコシステムである。エコシステムは科学技術的な側面ばかりでなく、人間の価値観や世界観の面に大きな変化をもたらす。例えば、個人はエコシステムに登録することでエコ不安の解消だけでなく、自律の啓蒙からも解放される。なぜなら、これまで自立した個人が担うべきとされてきた活動は、スチュワードシップの使命を帯びた「人間」による賢いエコの管理術によって代行、代替されるからである。ただし、人間がエコシステムのサービスを享受するには、地球全体をエコシステムとして保存、保全するのに準じて、人間もシステムに負荷をかけないよう、環境にやさしい改良を受け入れることが求められる。本章ではそれを身体のヒューマニズムと呼んでいる。このようにエコシステムは生態系中心主義のみならず、その延長において脱人間中心主義を具現化するためのシステムともなっているのである。

以上のエコシステムのナラティブについて前もって付言しておくならば、本章はエコシステムを推奨し、肯定するわけではない。問題は環境にやさしい世界の言説を啓蒙するほどに、逆説的な帰結としてエコシステムが待望されてしまうことにある。言い換えれば、エコシステムは技術的な問題よりも、それに先行して啓蒙される価値理念＝環境にやさしいエコの言説によって脱人間中心のエコシステムへと移行を促されている。環境における人間の負荷が精緻な情報データとして可視化される時代、エコ不安や自己否定を心に抱く人間は、エコシステムにおいて、もし不安を取り除くことができ、環境にもやさしくなれるのであれば、システムの施す改良の科学技術に望んで同意するだろう。

エコファシズムにたいする批判では、個人（個体）より全体が優先されることを問題とするが、当人たちはそれが環境だけでなく人間にもやさしいのであれば、システムに身を委ねることを厭わない。「進化」するエコシステムにおいて、エコファシズムという批判の超克が試みられている。

個人が環境にやさしい制度設計に地球市民として参画するよう求められるとき、そのゴールはどこに向かうのだろうか、また、脱人間中心主義の具現化のために人間の改良が推奨されるならば、その改造はどこまで行くつもりなのか。人工知能、ボット（bot）との競合によっても環境における人間の位置づけは変わっていくことが予測されるなか、人間は自然のままで環境に存在することが自明でなくなるかもしれない。そのとき我々は人間という存在をどのように顧みるだろうか。

第1節では、環境にやさしい「進化」の議論を通じて、環境問題を論じるには価値観や世界観、自然観というものの観方、考え方の検討が必要であることを述べる。また、「エコ不安症」と呼ばれる現象から環境における人間の位置づけが変化していることを確認する。そのうえで科学技術の発展進歩によって人間はその「質」を問われるようになっていることも論じる。第2節、第3節では、エコとは何かについて、エコサイドやエコロジー、エコノミーの議論から考究する。第4節、第5節では、エコの議論の背景にスチュワードシップがあることを明らかにする。同時に地球を単位とする生態系中心の自然環境保護の動向について、エコファシズムなどの批判を受けながら、しかし、「責任ある地球管理」として継続して推進されていることを紹介する。他方、環境にやさしい言説を啓蒙することが現代社会では人間を追い詰める事態となっていることも指摘する。第6節では、新たなヒューマニズムとして身体のヒューマニズムの議論を提示し、テクノロジーの時代の環境保護は人間の問題ではなく、エコシステムの問題となっていくことについて言及する。「おわりに」では、エコシステムのエネルギー、資源について、今後、人間よりもエコシステムの方が優先される可能性のあることを述べる。

1　環境にやさしい「進化」

「進化」する「文化」や「倫理」

人間という存在が環境に負荷をかけず、より良い社会で自己実現を果たしていくには何が求められるのか。[*2] 環境にやさしい世界を具現化していくために発展進歩するのは自然科学やテクノロジーだけではない。ゴール（goals）を設定し、そのゴールへと向かわせる価値理念を「進化」させることも自然環境問題において重視されてきた。「進化論的近代化論」を論じるロナルド・イングルハートは「価値観が変われば社会も変わりうる」と述べ、価値観を基礎づける「文化的変化」を「組織制度の変更に先だつものであり、組織制度の変更に寄与するもの」とみている。イングルハートによると

＊2　ヨハン・ロックストロームたちは「責任ある所有者がいないために管理が行き届かないこれまでのグローバル・コモンズという考え方はもはや存在しないと主張したい。人間が環境に負荷をかけすぎた結果、地球システムからのフィードバックが生じ、私たちの誰もが環境のあらゆる局面に対し、責任を負うようになったのだ……私たち皆がグローバル・コモンズのすべての部分を『所有』し、責任を負わなければならない」と述べる（ロックストロームほか 二〇一八：一七五頁）。

「文化」とは「ある環境での生き残りに役だつ一連のスキルや規範」であるとし、「文化も生物の進化と同様、突然変異や自然選択にも似たプロセスで進化するが、学習されるものだけに、文化の変化は生物の進化よりはるかに速い」という（イングルハート 二〇一九：一八頁）。

このような「文化」の「進化」に関わるものとして本章では環境倫理学においてJ・ベアード・キャリコットが論じる「倫理の進化」（evolution of ethics）を取り上げたい（キャリコット 二〇〇九：四三五-四三六頁＝原書 1997, pp. 203–204）。キャリコットはアルド・レオポルドの土地倫理を「倫理の進化」の例に上げている。ここでの「進化」とは、生態学の観方を基に「土壌、水域、植物、動物」にも「バイオティック・コミュニティ（biotic communities）の仲間の成員」として人間と同等の「道徳的権利を認め、そうした存在を倫理的な自由民」とみなし扱うことである（キャリコット 二〇〇九：四三七頁＝原書 1997, pp. 204）。イングルハート、キャリコットのいずれにおいても生物学的な進化ではなく、人間の価値観や世界観というものの観方、考え方が変化していくことを「文化」や「倫理」の「進化」と捉える議論となっている。

本章で解するならば以下となる。科学技術が先行して人間のものの観方、考え方を変えていくのではなく、より良い価値理念から生みだされる「文化的進化」や「倫理の進化」の奨励によって、「進化」を具現化させるテクノロジーは発展進歩し、社会の仕組みや制度を変革することにつながる。「文化」や「倫理」の「進化」は個人の自由選択の幅を広げることに寄与し、近代法として尊重されるべき権利の対象を増やす。このような「開かれた」世界において誰ひとり取り残されることのない自己実現というゴールに到達することができる。結果的に「進化」した人間は「開かれた」世界の価値理念に準じて生物学的にも変容することになるかもしれない。本章で論じたいのは、テクノロジーの発展進歩が「進化」を可能にするから人間は変容するのではなく、それに先立って価値理念が「進化」に向かう「文化」や「倫理」を準備するからこそ、人間は「文化」や「倫理」の規範に基づいた変容を受け入れていく、その可能性の究明についてである。環境にやさしい「進化」を推進しようとする価値観や世界観、ひいては自然観とは何かを検討することは、私たちが自明のものとして受容している環境にやさしい言説にたいし、ものの観方、考え方から問い返すことにもなる。

先述したキャリコットに限らず環境にやさしい「進化」を推進する言説は環境倫理学の議論の変遷そのものに現れている。人間活動の影響により地球規模で自然環境破壊の進んでいることが語られるようになった一九六〇年代以降、自然を人間のための資源とみなす人間中心主義への批判から人間以外にも権利や保護を求める人間非中心主義の議論が出てきた。なかでも生態系中心主義の議論は環境保護の現場はもとより、自然環境問題の解決を考えるうえで人間非中心主義に説得性を与えるものとして論じられている(矢原ほか 二〇一三)。さらに派生し、現在では人間だけを生態系のなかで特別視しない脱人間中心主義が提唱されるに至る。このように環境にやさしくあるための言説が変遷していくなかで環境における人間の位置づけも変わっていった。それが顕著に現れているのは、次にみる子どもや若者の自然環境問題にたいする反応である。

エコ不安症と精緻化する情報社会

人間活動に起因する自然環境問題の深刻さが明らかになるにつれて、そのことは少なからず子どもたちの心身にも影響を与えている。例えば、「エコ不安症」(eco anxiety)、もしくは「気候不安症」(climate anxiety) と呼ばれるものがある (カーボン・アルマナック・ネットワーク 二〇二二:一五四‐一五五頁、河野 二〇二二:二二二‐二二三頁)。複合的な要因を考慮し、断定的に論じることには慎重でなければならないが、「エコ不安症」は端的に以下のように整理できる。人間の手による自然環境破壊を知れば知るほど、人間が環境に存在すること自体に罪悪感を覚える。同時に人間による自然環境破壊がもたらすカタストロフィへの不安や絶望、怒りが募り、自分が環境に存在することにも強い忌避感や無力感、挫折感を感じるようになる (河野 二〇二二:二二三頁)。[*3]

カタストロフィへの不安とそれでも自然環境破壊を止めない人間にたいし、その一員である自分がこのまま環境に存在することは許されるのか、自分という存在それ自体を否定的に捉える子どもや若者もいるかもしれない。存在を否定してしまうような感情の先には、自分でさえ居心地が悪いのに環境にさらなる負荷がかかるのであれば、次の世代を残すことなどできないと考える若者たちがいる (ヘフィントン 二〇二三:一三〇‐一六一頁)。抜本的な問題解決が期待できない現在の状況では自然環境は悪化するばかりで、そんな環境に生まれてくる子どもは可哀想だし、親としても無責任である。何より破壊されていく環境のなかで子どもを育てる自信がない。子どもを望むかどうかについて、従来、唱えられてきた意見とは異なり、環境問題を第一の理由に子どもを持たないと考える世代が一定数、現出している。[*4]

彼らを促すのは環境にやさしい世界の価値理念に基づき算出される自然科学の客観的なデータである。データが精緻化されるほどに人間の自然環境への負荷が明白となり、それを恒常的に突きつけられる子ども、若者は自分という存在はもとより、次に生まれてくる世代にたいしても自然環境問題に加担させてしまわないか、不安を抱くようになっている。先述した環境における人間の位置づけの変化とは、人間活動のもたらす自然環境への影響が自然科学の明らかにする諸々のデータによって客観的に把握できるようになったことで、人間が環境に存在すること自体を負荷と考える価値観や世界観が一定の広まりをみせていることである。環境における人間の位置づけがネガティブな方向へと移るほどに、人間中心から人間非中心へと脱人間中心化を促す価値理念が浸透し、それを裏づけようとする自然科学の発展進歩によって、環境に負荷をかけない自己の在り方へと変革が要求されるようになる。*5

本章は自然環境問題の深刻さを訴えることがエコ不安の原因になっていると主張したいわけではない。自然科学の発展進歩によって人間の環境にたいする影響は精度の高いデータとしてより一層、可

＊3　このような状況が長く続くと医学的には「不安症」と診断されるかもしれない。一方で興味深いのは自然環境問題にたいし、どれくらい罪悪感を抱いているかを子どもや若者の自然環境にたいする関心度の指標として価値づけようとする言説もある（カーボン・アルマナック・ネットワーク 二〇二二：一五四–一五五頁）。

＊4　本章は子どもを望むことは善いことであり、だから子どもは持つべきだと主張する議論ではもちろんない。ここで述べたいのは、これまで人間の存在や倫理を議論するうえで前提となってきた生命を次の世代に循環させるという行為が、環境にたいする様々な不安から当たり前のものではなくなっていることである。

＊5　ＳＤＧｓの議論では「地球一個分」の世界に向けて「資源消費量を減らし、地球への負荷を削減すること。そして、世界・地域・国レベルでの貧困と格差を減らして、より多くの人が満足できる効率的な経済・社会システムへと自らを変革すること」がゴールとして掲げられている（南ほか 二〇二〇：一二〇頁）。

視化されるようになる。これまでなら分からなかった自分たちの心（欲求）でさえも客体化され、精密なデータに変換できるようになるときがくるならば、その情報データを眼前にした人間は自分たちが環境に存在することをどのように捉えるだろうか。エコ不安を煽る、煽らないにかかわらず、私たちは加速する情報社会の密度のなかで環境にやさしくなければならない自己の在り方について選択を迫られつつある。それはエコ不安のみならず、情報の精緻化によって人間が環境に存在すること自体を評価されるときに感じる不安となるだろう。この不安は例えば人口問題の議論で「健康」の質が問われるようになっていることにもつながっている。[*6]

優生学的見地や強権的な人口管理の側面をもつバースコントロール（産児制限）への批判から、一九九四年、国際人口開発会議（ＩＣＰＤ）において女性の人権はもとより、心身の「健康」についても尊重すべきことを宣言するリプロダクティブ・ヘルス／ライツ（性と生殖に関する健康と権利）が提唱された。リプロダクティブ・ライツ（性と生殖に関する権利）において主体となるのはかけがえのない個人である。個人に選択が委ねられる人口政策では、量の管理ではなく逆に質の管理が進行する恐れがある。特にＡＩを用いた先端医療技術の利用が進むなかで、「健康」であることの選択を任された個人は生まれてくる子どもを含め、最終的な自己判断に基づき、自立した自己決定を求められる。この決定は自己責任を伴うため、個人は社会的に価値づけられる「健康」の基準化に敏感にならざるを得ない。「人口の量」から「人口の質」へと人口政策の関心が変化することは、環境に存在する「人間の質」を高めるという風潮を生みだし、環境にやさしい自己の在り方について存在の次元で新たな「健康」の不安をもたらす恐れがある。[*7]

今後、環境にやさしい言説の具現化が目指されるとき、環境問題は地球に与える人間活動の影響や生態系の保存、保全についてエコ不安を煽らぬようバランスをとりながら論じればいいだけのテーマではなくなる。環境にやさしい世界の制度設計が進むなかで、エコであるために人間には何が要求されるようになるのか、エコ（eco）という言葉の成り立ちから検討したい。

2　エコとは何か

エコサイドとジェノサイド

エコという言葉は大抵の場合、環境にやさしいという意味で理解されていることが多い（パウエル二〇二一）。環境にやさしい＝エコとは、資源やエネルギーの利用について低公害、省力化を積極的に導入し、また、消費量を減らすことで人間活動による自然環境への負荷を軽くすることである。このように私たちの身近で用いられるエコという言葉であるが、地球規模の環境問題が語られる際にはさらに重要な使命をもったキーワードとなる。そのことがよく現れているのはエコサイドの議論である。エコサイド（ecocide）自体を論じることは別稿に譲り、本章ではエコサイドの議論について以下の三つに整理する。

＊6　人口問題を環境問題と捉え、検討している論者に河野哲也（二〇二〇）がいる。
＊7　佐野は「人間の数の管理」と「子どもの質の管理」に言及しながら、リプロダクティブ・ヘルス／ライツに内包される論点を最先端生殖医療で利用されるＡＩの例から検討している。

一つに、一九七二年の国連人間環境会議でベトナム戦争におけるアメリカの枯葉剤散布による殲滅作戦を非難するために用いられたエコサイドがある。ここでのエコサイドとは、エコロジー（ecology）とジェノサイド（genocide）を組み合わせた造語で「生態系の大量破壊」を意味する（上田ほか二〇一〇：三三頁）。ただし、ベトナム戦争の例が示すようにエコサイドは「生態系の大量破壊」だけで完結する問題ではない。当然、そこに暮らす人間の生活環境をも破壊する。エコサイドの語源にジェノサイドが関わるのは、自然環境破壊が同時に人間の生活環境や人間のいのちそのものを破壊することを念頭に置いているからだと解せられる。エコサイドがジェノサイドと密接に連関していることは、現代にまで及ぶ「ヨーロッパ」の拡大がもたらした先住民征服、植民地支配、そして環境レイシズムの癒えない被害にも顕著にみられる（鎌田 二〇一五）。

ではジェノサイドとは何だろうか。「第二次世界大戦以来の欧州で最悪の虐殺」と称されるスレブレニツァ事件の研究を参照すると、長有紀枝はジェノサイドについて比較的最近の造語であるという。一九四四年、ナチ・ホロコーストにより親族を殺害されたポーランド出身の法学者ラファエル・レムキンがナチの占領政策について論じた著作のなかで初めて用いたとされる。民族、部族を意味する古代ギリシャ語 genos と殺害を意味するラテン語（caedō）由来の cide を組み合わせてジェノサイドという言葉がつくられた（長 二〇二〇：i、一九頁）。長によればジェノサイドの邦訳は大量虐殺ではなく、言葉のつくられた経緯を踏まえ、集団殺害であるとする（長 二〇二〇：一九、二二頁）。ジェノサイドは国際法のなかに明確な法的定義をもつが、本章でも先述したように一般にはこの法的定義に依拠しないより広義の意味でジェノサイドを用いる場合もあり、注意が必要である（中西 二〇二一：一七五―一八一頁）。また、国際法上のジェノサイドは「要件の曖昧さやそれをみたすことの困難さ」から実効性について懸念されてもいる（藤田　一九九五：一四三頁）。

ジャレッド・ダイアモンドのエコサイド

二つに、生態系自死（ecological suicide）として論じられるエコサイドがある。ジャレッド・ダイアモンドが『文明崩壊』のなかで用いているもので、様々な環境条件の下、人間活動が生態系に与える影響の度合いによっては人間の社会自らが崩壊してしまうことをエコサイド＝生態系自死と呼んでいる（ダイアモンド　二〇一二：二二頁＝原書 2011, p. 6）。同じ cide でもダイアモンドはジェノサイドではなくスアサイドを使っている。両者の違いは、ジェノサイドは先にみたようにある特定の集団、民族や部族が殺害されるという意味で外部からの影響を現しているのにたいし、スアサイド（suicide）はラテン語の自分自身（sui）に cide（殺す）が合わさり、自死という意味で内部からの影響を現しているところにある。つまり、ダイアモンドのエコサイド＝生態系自死とは、意図的ではないにしろ自分（たち）の活動によって生態系が破壊され、その結果、自死に至るという観方になっており、その点でジェノサイドとの造語であるエコサイドとは想定する内容が異なっている。言い換えれば、ダイアモンドのエコサイドは自然環境破壊によって自滅する人間の集団について論じているのである。

このようなダイアモンドの観方は、自然環境破壊が招くカタストロフィに警鐘を鳴らすナラティブとして広く紹介され、影響を与えている。例えば、『環境の経済史』において斎藤修は重要な指摘を提示しつつ、ダイアモンドの議論は「社会崩壊の原因を自然破壊にのみ求めるのではなく、他の原因との複合現象」として論じ、「他の要因次第では社会と環境の関係を安定させることもありえた」と述べている点で、「より柔軟なアプローチ」になっていると評価する（斎藤 二〇一四：二九‐三〇頁）。斎藤は崩壊する社会の事例として「イースター島社会の悲劇」を取り上げ、それは「外的な衝撃によって引き起こされたのではなく、内部から崩壊した」ものであり、要因となったのは「社会の対応」であるという（斎藤 二〇一四：三三頁）。ここにダイアモンドが論じるエコサイドの影響をみることができる。

ポリー・ヒギンズのエコサイド

三つに、「環境弁護士」のポリー・ヒギンズが提唱したエコサイドがある（クルッナリック 二〇二一：二一四‐二一五頁）。ヒギンズのエコサイドの議論には、ここまで整理してきた二つのエコサイドと連関しつつも、地球規模で論じられる現在の自然環境問題にたいする言説の方向性が端的に現れている。ヒギンズは「平和に対する罪（ジェノサイド（集団殺害罪）、人道に対する罪、戦争犯罪、侵略犯罪）」と総称される「国際刑事裁判所に関するローマ規定」（ＩＣＣ規定）の第五条（１）に、五つ目として新たにエコサイドを追加することを提唱した。エコサイド法を国際法に含めることで、地球にたいする大規模な損害や破壊を禁止し、エコサイドによって著しい被害を受けた、ないし、その恐れのあるすべての生き物に法的な配慮義務が生じることを目指している（Higgins 2020, p. 177）。エコサイド法には、生態系（ecosystem(s)）への広範な損害、破壊、喪失のリスク、及び、実際の甚大な損害を防止、または禁止し、重大な被害をもたらす可能性のある政治的、金融的、ビジネス的な性質の意思決定を事前に回避することが明記されている（Higgins 2020, pp. 177–178）。また、ヒギンズは責任者の優越的責任規定（superior responsibility provision）として、私的もしくは公的な立場で免責なしに優越的責任の立場を行使する人（たち）にたいし、生態系へのリスクや実際の甚大な損害、破壊、喪失を防止するための国際的かつ国境を超えた配慮義務を課すことを求めている（Higgins 2020, pp. 177–178）。

しかし、国際法としてエコサイドを法制化することは、国際刑事裁判所（ＩＣＣ）の実効性が懸念されるように（クルツナリック 二〇二一：二一五頁）、先述したジェノサイド以上に困難を極めている。エコサイドの難しさは、自然環境保護の法制化が地球規模になればなるほど国家単位の政治的、経済的思惑によって頓挫してしまうところにある。また、フリーエコノミー（無銭経済）運動を実践するマーク・ボイルがヒギンズを引用しながら言及するように、エコサイドを定義する際、「どの程度の環境破壊を『平和に対する罪』の成立要件とするか」、空間的な意味でも規模の問題が出てくる（ボイル 二〇二〇：一三二－一三三頁）。なぜなら、責任の軽重はあるにせよ近代化した生活様式を送る私たちも「無数のエコサイド行為に日々加担している」からである。更に地球生態系は複雑にできているため、「最大級のエコサイド現象の責任を一企業やひとりのＣＥＯに負わせること」は不可能であるとボイルは述べる。自然環境破壊という「『確定不能』な行為について特定の法的主体の責任を問うこと」は難しい。「ぼくら全員が多かれ少なかれそうした行為の共犯者に仕立てられてきたから」で、ボイルにとって「本当に罪に問われるべき主体」は「産業文化総体」であるという（ボイル二〇二〇：一三三―一三五頁)。ボイルは現行の「政治経済体制がみずからの依拠するエコサイド的慣行を非合法化する見込みは薄い」としながらも（ボイル 二〇二〇：二五七頁)、もし、エコサイドを禁止する法制度が整えば、それは「『ホリスティックな自己防衛の権利』を保護する法律のさきがけともなりうる」とみている。

ホリスティックとは全体性を意味し、全体論（holism）の議論で用いられる言葉であるが、ボイルは「ホリスティックな自己防衛の権利」について、「みずからが居住し依存して生きる土地の生態系を脅威から守る場合に、法廷で自己防衛を主張できるようになる」（ボイル 二〇二〇：一三五頁）ことであるという。このような考えの背景にあるのは本章でも後出するレオポルドの土地倫理の議論である。ボイルの理解では「〈大いなる生命の織物〉のなかで人間が占めるべき地位と、相互に依存しあう万物の関係性」について「深い認識」をもつことが、ホリスティックな価値観、世界観につながるとされている（ボイル 二〇二〇：三四四頁)。それを端的に表現しているのは、「自分の家を守るときと同じ勇猛さで地球を守る必要がある。なぜなら地球はぼくらの家だから」というものの観方、考え方である。ボイルは二〇一五年時点で地球を「命のよりどころ」として家とみなす「ホリスティックな自己認識」について、「科学界でも哲学界でも次第に広く受けいれられつつある」と指摘する（ボイル 二〇二〇：二五〇頁)。ヒギンズのエコサイドの議論はまさにボイルが語るホリスティックな価値観、世界観を背景に論じるものとなっている。後に触れるが環境問題の議論で地球を一つの家として表現するのは今に始まったことではない。しかし、ホリスティックな価値理念を実際に国際法のなかでエコサイド法として明記しようと試みるヒギンズの議論は、自然環境、生態系にたいする人間の配慮義務を明文化した点で、「文化」や「倫理」の「進化」につながる新たな潮流と捉えられるだろう。

私たちの家である地球が破壊されている

ヒギンズのエコサイドの議論におけるホリスティックな価値観、世界観は彼女のエコサイドの定義にみることができる。ヒギンズは現代社会のお金の流れからエコサイドの定義を導き出す。利益よりも人間や地球を優先する価値観の方へ、思考、行動、お金の流れが方向づけられ、人間も含めすべての生き物の健康やウェルビーイングが大切にされるようになれば、生態系サービスも本質的価値（intrinsic value）に置き換えられる（Higgins 2020, p. 53）。そのとき、私たちのグローバル・エコノミーは利益至上主義で動くのではなく、「〝エコノミー〟という言葉、本来の意味、すなわち私たちの心が安らぐ場所＝家、故郷（home）の管理運営（stewardship）に立ち戻る」ことになるという（Higgins 2020, p. 53）。ヒギンズはエコノミーという言葉の成り立ちに注目する。エコノミーとはギリシア語のオイコノミア oikonomia＝'household management'（家政、家計管理、家の経営）に由来し、その語源となっているのはオイコス oikos＝'house'（家）＋ネメイン nemein＝'manage'（管理、運営）であると述べる（Higgins 2020, p. 181）[*8]。

＊8　ヒギンズはエコノミーについて *Eradicating Ecocide* では、オイコノモス oikonomos＝oikos+nomos と説明しているが（Higgins 2015, p. XIII）、*DARE TO BE GREAT* では oikonomia＝oikos+nemein となっている。以上も踏まえ、エコノミーの語源については杉山吉弘（二〇一五）が詳しく検討しており参考になる。

これはエコサイド（ecocide）の語源にも関わっている。ヒギンズによれば、エコサイドの接頭語であるエコ（eco）もエコノミーと同様にオイコス由来の家、住居、居住、家族を意味する。接尾辞のcideは殺人者を表す。ラテン語のcadereからフランス語の-cideが使われたことに由来し、打ちのめす、刻む、叩く、鍬を入れる、倒す、殺害するの意味となる（Higgins 2015, p. XII）。以上から、エコとはオイコス＝家という意味に連関しており、エコサイドとは「私たちの家」が破壊されることを表す。ヒギンズにおける守るべき家とは「私たちにとって最も大きな住処（our largest habitat）である地球（the planet）そのもの」のことである（Higgins 2015, p. XIII）。エコサイドの議論がエコを冠した提言を行なっているのは、まさに地球規模での自然環境破壊によって「私たちの家」である地球が破壊されることを防ぐためである。地球を一つの家（エコ）として自然環境問題を論じるホリスティックな方法は、ヒギンズがその語源を探究したようにエコノミーの議論とも関わっていた。そこで次に検討するのはエコノミーとエコロジーがエコの議論にどのように関連しているかである。

3　管理術としてのエコロジー、エコノミー

エコロジーという理法

現在ではエコノミーと言えば経済という意味になるが、もともとは家政学の文脈で用いられるように家政や家計を賢く管理、経営するための家政術、管理術であった。このエコノミーというものの観方、考え方はエコロジーの議論ともつながっている。エコロジーは一九世紀から二〇世紀に入って自

然環境保護運動のキーワードとしても用いられるようになった言葉であるが（クラーク 一九九四）、今日ではこの言葉を抜きに環境問題は論じることができないほど、環境と人間を考えるキーワードとなっている。と言うのも、エコロジー（生態学）は自然科学の一分野としてだけでなく広義には人間集団の把捉、文化の伝播、情報の拡散など、幅広い分野において、そのネットワークをエコシステムと捉えるエコロジーとして研究されているからである（大塚ほか 二〇一二、藤代 二〇二一）。このことを踏まえ、本章では自然生態系だけでなく、社会や政治経済、ビジネス、情報など、家を賢く管理するために求められるエコシステムのあらゆるネットワークの理法、論理をエコロジーとして捉える。

エコノミーが家政や家計のように家の具体的な管理を現しているのにたいし、エコロジーは家そのものがもつ法則や体系、理論を指す。言い換えれば、家のエコシステムを司り、方向性を導く理法とは何か、論理的に解明することがエコロジーであり、そのためには理性が求められている。例えば、『ネイチャーズ・エコノミー』のなかでドナルド・オースターは「『エコロジー』――この語は『自然の経済（oeconomy of nature）』という古い言い回しに代わる、より学問的な語として一九世紀に登場したものだが――は、元来、自然に対するキリスト教的見地とともに政治的・経済的見地がその土台」にあり、「大地は、その生産が最大になるよう工夫がなされるべき世界とみなされた」と述べる（オースター 一九八九：六〇頁）。本章で参照できるのは、一つに、オースターがエコロジーという言葉には「キリスト教的見地」はもとより、「政治的・経済的見地」としての意味もあることを指摘し、二つに、「政治的・経済的見地」におけるエコロジーは自然（資源）を賢く管理するために理性を要求する、と論じていることである。

エコノミーのためのエコロジー

エコノミーは家の賢い管理のための家政術からポリティカル・エコノミーとして、リージョナル、ナショナル、グローバルへと拡張していった。[*9] 一方、エコロジーはそもそも何をもって家＝エコシステムの枠組みとするのか、エコシステムを司る法則や体系がエコノミーに比べて広義であるため、エコシステム（生態系）の議論も多岐に渡って論じられることになる。エコロジー運動やエコロジストという言葉が必ずしも生態学そのものに連関していないことも、エコロジーにおける家（エコ）をどう解釈し、論じるかでエコの枠組みに幅が生じていることの現れだと言える。しかし、家の枠組みが曖昧であるからこそ多彩な分野でエコロジーの議論が展開され、エコという言葉を広めることになった。そして現在、家としてのエコはヒギンズのエコサイドの議論のみならず、プラネタリーバウンダリーが提言されるなかで、「Earth for All」（みんなのための地球）の言説としても周知されている（ディクソン＝デクレーブほか 二〇二二）。

このような地球を単位とする自然環境（資源）の保護を訴える言説は一九六〇年代、フラーが提唱した「宇宙船地球号」（spaceship earth）などにもみることができる。しかし、プラネタリーバウンダリーの議論が示すように、自然科学の発展進歩によって人間が自然環境に与える影響は以前にも増して精緻にデータ化されている。そこでは自然に対立する人間の自然環境破壊を糾弾するのではなく、より明確に人間を生態系の一部として位置づけ直し、環境にたいする責任を問うている。言い換えれば、人間活動が生態系にどれくらい負荷をかけているのかを数値化したり、限度化したりするなかで人間中心主義の自然観の限界を指摘するようになった。代わりに注目されているのが人間非中心主義、なかでも生態系中心主義の議論である。これは生態学という自然科学に基づく観点から導出されるものであり、自然と人間を区別せず、関係に応じて都合をつける自然観とは安易に同視できない。

先にエコロジーの理法（法則、体系、理論）を解明するには理性が求められると述べたが、人間を生態系の一部として科学的に位置づけ直した生態学はその成果として挙げられる。「ヨーロッパ」を発端とする理性を基礎とする生態学の議論は（ペッパー　一九九四）、近代化の負の部分を省みるなかで自然環境問題について人間中心主義‐人間非中心主義‐生態系中心主義というグリーンな変遷をたどり、エコサイドの議論にまで「文化」や「倫理」を「進化」させてきた。前述したエコノミーとエコロジーでは家（エコ）をどう捉えるのか、その枠組みに違いがあったが、「宇宙船地球号」から「Earth for All」（みんなのための地球）まで、地球規模で自然環境問題に取り組まなければならないことが議論されるようになると、地球こそが家であるという認識の広まりと同時に両者の意味する家（エコ）の枠組みが、地球を単位とすることで合致した。ゆえにエコサイドで提唱される議論を具現化していくには、環境にやさしいエコノミー、環境にやさしいエコロジーとして新たに地球規模のグ

＊9　オースターによれば「エコノミー（oeconomy）」は国家などが「規則正しく生産を行うために必要なすべての資源に関する政策上の管理を意味するように拡大解釈されるようになった」という（オースター　一九八九：五九頁）。

リーンなシステムを構築することが求められる。そこでは「私たちの家」である地球を保護するためのエコシステムについて、いかに家（エコ）＝地球全体を賢く管理するか、その家政術、管理術が論点となる。

ここまでの論述を整理すると、現在の自然環境問題の議論において環境にやさしい世界とは、地球を一つの家と捉えるエコの議論であり、家＝地球の賢い管理について考えることであった。このようなエコの視点から地球の賢い管理を求める潮流は、近代に入りエコロジーの議論として生態系を賢く管理するための管理術の研究と合致していった。エコの管理術が目的とするのは個別の生態系だけでなく、地球を一つの生態系としたときの賢い管理の方法である。管理の方法を具現化していくうえでエコロジーはエコノミーと連関する。環境にやさしいエコノミーは、環境にやさしいエコロジーの研究によって解明される生態系の法則や体系、論理を応用することで地球規模の制度設計を可能にする。その意味で、環境にやさしい世界におけるエコノミーとは、エコロジーの研究成果を活用した理性に基づく家（エコ）の管理術ともいうことができる。次に、この理性に基づく管理術とは何かを検討するにあたり、本章ではスチュワードシップという言葉に着目する。

4　スチュワードシップに基づく地球の管理術

エコノミーとスチュワードシップ

環境倫理学においてスチュワードシップが注目されるようになったのは、自然環境破壊の原因をキリスト教の人間中心主義に求める議論にたいし、ジョン・パスモアがユダヤ‐キリスト教のなかには、「人間」には神（God）から信託された自然（資源）を賢く管理する責任がある、という議論を紹介したことによる。スチュワード（steward）は執事を意味する。パスモアは自然環境問題を解決するための倫理としてスチュワードシップに言及し、キリスト教を短絡に自然環境破壊の原因と決めつけることに反論した（ホワイト 一九九九、パスモア 一九九八）。本章が前出のヒギンズのエコサイドを参考にしたのは、一つに、エコとは何かについて検討するためであり、もう一つは、ヒギンズにおいてもスチュワードシップが提唱されているからである。再度、紹介するならばヒギンズはエコサイドの議論において、「〝エコノミー〟という言葉、本来の意味、すなわち家、故郷の管理運営（stewardship）に立ち戻る」ことを主張する際に（Higgins 2020, p. 53）、スチュワードシップを「管理運営」の意味で用いていた。

ヒギンズの想定するスチュワードシップとは、究極的には地球にまで拡張された「私たちの家」を「管理運営」するための使命であり、責任のことと解せられる。確かにエコサイドを招く可能性のある事柄を防止、禁止していくには個々の生態系はもとより、その全体である地球の「管理運営」も重要になってくる。ヒギンズがエコサイド法を国際法にしようとした意図もそこにあるだろう。エコノミーの由来に関わるオイコノミアにスチュワードシップという訳語が当てられているように（宇田一九九一：六六七‐六六九頁）、エコノミーの「本来の意味」とスチュワードシップが重なり合うとき、それは賢い管理術、家政術の促進を現す。エコノミー概念やスチュワードシップそのものの検討を本章で行うことは手に余るが、スチュワードシップコードにもみられるように、エコノミーの議論とスチュワードシップは連関していることをここでは指摘しておきたい。エコの議論における賢く自然（資源）を管理しなければならないという言説には、スチュワードシップという価値観、世界観が横たわっているのである。であるならば、現在、地球規模の自然環境問題で提唱されている環境スチュワードシップの議論を検討する際にもスチュワードシップが内包するものの観方、考え方とは何であるのか、理解する必要がある。

エコロジーとスチュワードシップ

昨今、スチュワードシップは地球規模の自然環境問題の議論において散見される。なかでも環境スチュワードシップにその特徴をみることができる。環境スチュワードシップは、二〇世紀後半の環境保護主義の高まりとともに地球規模で自然環境問題を解決することを目指し、それは「責任ある環境管理」と呼ばれる（ガフニーほか 二〇二二：一五一頁、河野 二〇二二：四四四頁）。群集生態学が専門のオズワルド・シュミッツはスチュワードシップについて「リスクを最小限に抑え、自然の生態系とそれが現在と将来の世代に提供するサービスを維持・回復する機会を最大化するために、創造的かつ科学的な自然保護のための行動を見つけること」であるとしている（シュミッツ 二〇二二：一四九頁）。また、シュミッツは「人間と自然を社会‐生態学的なシステムと捉え、人間の行動を導くことを目的とした科学的な倫理学」として環境スチュワードシップを説明し、それは「生態学――二一世紀のニュー・エコロジー――人間と自然の持続を支える科学」であるという（シュミッツ 二〇二二：一九六頁）。シュミッツの「生態学――二一世紀のニュー・エコロジー」は、オースターが一九七七年の時点で検討を行なったニュー・エコロジーに関する議論の系譜に連なっている。オースターは森林生態学者のスティーブン・スパーが以下のように述べていることを紹介する。「有益な管理とは、人間の利益を最も大きくするような操作を意味するのに対して、搾取とは、ある期間を通じて、生態系の生産性を低下させるような管理である」。生態学にはこのような「農業経営学的な自然保護の考え方」があることをオースターは指摘している（オースター 一九八九：三四九頁、三七八頁）。

シュミッツとスパーには半世紀ほどの隔たりがあるにもかかわらず、両者が共通して自然（資源）の賢い管理は生態学という自然科学に基づき達成できると考えている点は注目に値する。オースターはこのようなニュー・エコロジーにある「管理主義的倫理」の側面について、「すべての科学者が土地の管理者」になろうとしたわけではなく、多くは「社会が自然を操作することになりそうな目標に対して非常に批判的であった」という。しかし、一方で「管理主義的倫理」が発展してきていることにも言及する。「専門的な訓練を受けた管理者の指示や配慮がなければ、人間も自然も存続することはできないという考えが、常識になってきた。管理に対する、このような信頼の念は、技術的な発展の結果生じた重要な産物の一つである」（オースター 一九八九：三五五頁）。「管理に対する信頼の念」は逆説的に「社会計画、人員管理、資源工学などへの依存」を強め、「物事に手出しをせずに自由にしておくと、不況、貧困、怠惰、混乱に通じる」という危惧を抱かせ、それは「世界が次第に管理を強めていく、唯一で十分な理由」であるとオースターは洞察する（オースター 一九八九：三五五–三五六頁）。ここで重要なのはオースターがニュー・エコロジーの議論含め、「自然の研究に経済学的な思考を適用したのが生態学」だと述べていることである（オースター 一九八九：三五六頁）。

本章で整理するならば、エコノミーという家の管理術を土台にエコロジーは展開されてきた。その背景にあるのは、家の問題＝より良い家政や家計を運営するためのエコノミーの問題が、近代化の過程で家の規模とともに拡張され、新たにエコロジー（生態学）という言説と方法を生みだしたことである。オースターがH・G・ウェルズとジュリアン・ハックスレーを引用して述べるには、生態学は「経済学を生物界全体に拡張したもの」であるという（オースター 一九八九：三五六頁）。エコロジーは自然科学の発展進歩に裏づけされた自然の解剖と理法（法則、体系、理論）を開発することで、今度は逆に家の管理術というエコノミーの実践に、エコロジーの研究成果を反映させようとしている。その現れが自然環境破壊の深刻化に伴って展開される環境にやさしいエコ（家）の言説である。家の管理術＝エコノミーは、エコの問題として地球の生態系を管理しようとするエコロジーにまで到達した。現在、環境にやさしい世界のエコノミーは、より広義のエコロジーにおいて「文化」や「倫理」を「進化」させるため、エコシステム（家（エコ）＝地球の管理術）の構築に邁進している。

家（エコ）＝地球の管理術に関し、シュミッツはこれまでの生態学には倫理的な根拠が欠けていたという（シュミッツ 二〇二二：一九六頁）。そこで「生態学——二一世紀のニュー・エコロジー」を倫理的に根拠づけるため、前述の通り、環境スチュワードシップを提唱した。ここにはエコノミーとスチュワードシップの重なりだけでなく、「二一世紀のニュー・エコロジー」における倫理的な根拠としてエコロジーとスチュワードシップも重なり合っている。以上より、エコを標榜する言説においてエコロジーとエコノミーは、共通してスチュワードシップを倫理や規範の拠所とし、そこでは家

（エコ）＝地球を賢く管理することがスチュワードシップの使命となっているのである。

生態学的な環境倫理と責任ある地球管理

生態学は今でも自然科学の研究であり、エコロジーという言葉の拡大解釈は混乱をきたしていると も評されるが、オースターによると生態学にまつわるそのような混乱はアメリカで環境倫理学の父と 称されるレオポルドにも見出すことができるという。オースターの整理を端的に述べるならば、レオ ポルドは土地について「生態学的なメカニズム」と「一つの有機体（生物）」という二つの観方から 語っている（オースター 一九八九：三五〇‐三五一頁）。「生態学的なメカニズム」とは、自然科学に 基づき土地の生態系がもつ理法を解明することであり、「一つの有機体（生物）」とは、生態系を生き るすべての生き物は相互に連関し合っていると捉え、土地自体を一つの有機体とみなす言説である。 人間の情動を排した自然科学を前提とする「生態学的なメカニズム」に重点を置けば「管理主義的倫 理」に近づくことになり、「一つの有機体（生物）」として土地や生き物を捉える情緒的な側面とは相 反してしまう。オースターによるとレオポルドは両者を「新しい自然保護という総合の中で和解させ ようと試みた」というが（オースター 一九八九：三五〇頁）、それはシュミッツの「生態学――二一 世紀のニュー・エコロジー」の議論にも引き継がれている（シュミッツ 二〇二二：一四二‐一四八 頁）。

エコの時代である現在、レオポルドの混乱は「文化」や「倫理」の「進化」に合わせた科学技術の 発展進歩によって解決できると考えられている。自然と人間を対立するものと捉える時代は終焉し、生態系に与える人間の影響をより精緻化された自然科学のデータによって正しく理解することで、「生態学的なメカニズム」と「一つの有機体（生物）」は相反することなく両立できるはずだからである。このような「新しい自然保護という総合」については、レオポルドの土地倫理を更に展開させているキャリコットの「進化論——生態学的な環境倫理」、具体的には「進化論——生態学的な土地倫理」の議論にみることができる（キャリコット 二〇〇九：四〇〇-四四九頁＝原書 1997, pp. 185-210）。キャリコットによるとこの「生態学的な土地倫理」は土着の環境倫理と「対をなし、補完し合う」が、同時に「普遍的な環境倫理」として提案され、「他の倫理すべてを支え補強するもの」であるという（キャリコット 二〇〇九：四〇七-四一〇頁＝原書 1997, pp. 188-190）。なぜなら、「生態学的な土地倫理」は生態学という科学的な基礎づけを根拠とした「土地倫理」となっている点で、文化の違いを超えて受容される「環境倫理」だからである。ここに「新しい自然保護という総合」は「進化論——生態学的な土地倫理」という環境にやさしい「進化」と、それに合わせた自然科学の発展進歩によってなされると考えられていることが分かる。本章では、キャリコットがこの「環境倫理」の背景に「ユダヤ-キリスト教の環境倫理スチュワードシップ」（the Judeo-Christian stewardship environmental ethic）という「理論としての形が整い、実践的で説得力をもった、人間中心主義的でない、あるべき環境倫理」を想定していると解する（キャリコット 二〇〇九：七九頁＝原書 1997, pp. 21）。

キャリコットの議論を本章で解釈するには、このスチュワードシップは、「人間」には神（God）から信託された環境（資源）を賢く管理する責任がある、という明快な使命を帯びている点で実践的だが[*10]、この実践を「進化論――生態学的な環境倫理」として具現化するには自然科学の力が欠かせない。つまり、エコ（家）の賢い管理というスチュワードシップの使命を果たすためにもその管理術の一環として科学技術の発展進歩が求められているのである。ここに改めてエコ（家）の管理術にスチュワードシップが連関していること、また、スチュワードシップの裏づけによって「進化論――生態学的な環境倫理」は、「人間中心主義的でない」自然科学を発展進歩させ、環境にやさしい世界の科学技術をエコの名の下に倫理的にも推奨できるようになっていることを看取できる。ちなみにキャリコットの指摘によれば、レオポルドにおいてもスチュワードシップに関わる世界観が議論の前提となっているという（キャリコット 二〇〇九：一二一頁＝原書 1997, p. 42）。このような「人間中心主義的でない」自然科学を発展進歩させる根拠としてスチュワードシップを想定することは、現在の「責任ある地球管理」の議論ともつながっている。

エコの時代に論じられるスチュワードシップは、プラネタリーバウンダリーを提示したヨハン・ロックストロームたちにおいても、プラネタリースチュワードシップとして語られている。そこではプラネタリーバウンダリー＋グローバル・コモンズ＋プラネタリースチュワードシップ（地球の限界

*10 ただし、このような「普遍的な環境倫理」の実践について地球環境問題の政治性に焦点を当てながら論じる米本昌平は、スチュワードシップには「きわめてキリスト教的なメッセージが込められている」と指摘する。一九八九年の「G7アルシュ・サミットのとき、宣言文の草案に当然のことのようにこの言葉がでてきたとき、日本の代表団は戸惑ったらしい。その日本語訳は『自然の管理』となっている」。（米本 一九九四：二四〇頁）。また、須藤自由児はキャリコットが論じる「社会進化論的倫理」の検討からキャリコットの議論は「自己中心的倫理」であると指摘している（須藤 二〇〇〇：一二八‐一三六頁）。

＋国際公共財＋責任ある地球管理）と端的に表現されるように（ガフニー 二〇二二：一五五頁）、人間が自然環境に与える負荷を自然科学のデータによって可視化し、「私たちの家」である地球をグローバル・コモンズとして「責任ある地球管理」することを希求している。この流れは日本において東京大学グローバル・コモンズ・センターが「グローバルコモンズの責任ある管理」（Global Commons Stewardship）を唱え、世界情勢を踏まえた活動を展開していることにもみることができる（日立東大ラボ編 二〇〇三：六九、七八頁）。環境スチュワードシップ＝「責任ある地球管理」にみる自然環境保護の言説は、自然と人間を区別して捉え、自然環境のみを環境保護の対象とするのではなく、生態系の一部である人間の責任もまた同様に問題としている。このような観方を可能にしたのがエコロジーであった。シュミッツが環境スチュワードシップに依拠した生態学を「二一世紀のニュー・エコロジー」と呼んだ意図をここに見出せる。しかし、生態系のなかに人間を位置づけるエコロジーの議論では人間も管理の対象になりかねない点でエコファシズムとして批判されてきた。

5 エコファシズムと自立した個人の限界

生態系における個と全体の問題

自然環境保護の方法を人間にまで適用するかのようなエコロジーの言説は、環境倫理学の初期から批判されてきた。以下にみる自然環境問題に関するファシズムの議論で共通するのは、個人（個体）よりも全体（環境や生態系）が優先されていることである。[*11] トム・レーガンはレオポルドの土地倫理を引き合いに出し、「より大きな生物的善」のためにはバイオティック・コミュニティの統合性（integrity）、安定性（stability）、美（beauty）の名において「個体が犠牲にされることがはっきり予見」されており、このような「全体論的もしくはシステム的アプローチ」を「環境ファシズム」と名付け批判した（レーガン 二〇〇六：一八三、一八六頁）。また、レオポルドの土地倫理を積極的に展開するキャリコットの生態系中心主義の議論もエコファシズムとの関連で批判的に論じられている。[*12]

他にエコファシズムとして代表的なのは、ハーディンの「救命ボートの倫理」にみられるように人口とエネルギー、資源の問題についてであり、その専横性が批判された（ペッパー 一九九四：二五〇-二五九頁）。さらに地球全体の管理から自然環境問題の解決を図ろうとする地球全体主義や惑星管理の議論も全体主義として批判される範疇に入るだろう。[*13] これらは科学技術を発展進歩させることで地球規模の生態系を賢く管理できるようになることを目指す反面、人間自身もその管理に依存せざるを得なくなるという点でテクノクラシー批判とも関連する（ペッパー 一九九四：一九四-一九五頁）。以上のように批判されるエコロジーに関わる言説であるが、プラネタリーバウンダリーの提唱される時代、環境スチュワードシップの議論にみたようにエコロジーは改めて「責任ある地球管理」として受容され、むしろ、そのゴールに向かって、推進されようとしている。

＊11 「難しいのは、道徳的権利の個体主義的性質と、多くの環境思想家が強調する〈全体論的（holistic）〉自然論とを折り合わせることである」（レーガン 二〇〇六：一八二頁）。
＊12 キャリコットの議論がエコファシズムなのかどうかについては須藤（二〇〇〇）による詳細な検討がある。
＊13 地球全体主義については川本隆史（二〇〇〇）。惑星管理については米本（一九九四）を参照のこと。

誰ひとり取り残されることのない科学的なシステムに向けて

エコファシズムへの批判は管理の中身の問題でもあった。批判される管理のイメージは専横的な管理社会、監視社会であり、ナチス・ドイツ下で取り組まれたとされるファシズム・エコロジズムにたいする警戒感もあるだろう（ブラムウェル 一九九二）。しかし、自然環境問題を解決するための生態系中心主義は環境にやさしい世界の構築を目的としており、環境にやさしいということは当然、自然だけでなく人間にもやさしい世界でなければならない。環境スチュワードシップ＝「責任ある地球管理」において「人間」には自然（資源）だけでなく、生態系の一部である人間についても賢く管理する責任があるため、その使命を果たすにはエコファシズムで想定されるような人間を疎かにする態度は本来、取れないはずである。人間をやさしく管理する世界とはどのような世界になるのだろうか。人間を生態系の一部とみなすエコシステムの賢い管理には、自然科学によって導出される客観的データに基づき持続可能性を担保した制度設計が欠かせない。人間の主観をなるだけ排した制度や政策を施行することでエコファシズムが想定するような専横を免れ、誰ひとり取り残されることのないエコシステムを構築することができる。このような科学的なシステムを待望することは環境における人間の位置づけの変化とも連動している。

地球規模の自然環境問題を解決するには、当事者として地球市民の自覚をもつ自立した個人になり、環境政策の制度設計に参加することが期待されるが、選択の自由を求める個人が必ずしも環境にやさしい行動を選ぶとは限らない。これまでの自己観では、選択の自由を得た個人は内面的自発性によって自立した個人になることが自明の理とされてきた。けれど、もしこの価値理念化した自己観が現実の環境に存在する人間にとって実現不可能な理想のヒューマニズムでしかないとしたら、どうなるだろう（グレイ 二〇〇九）。掲げられているゴールは永遠にたどり着くことのできないものとなる。「未完の近代」が続く限り、人間は「近代の完成」のために自立した個人というゴールに向かってレールの上を走り続けなければならない。

啓蒙されるポリティカル・コレクトネスにたいする反動は、その「正しさ」に反発して起こっているのではなく、自立した個人というあるべき姿にそもそもたどり着くことができないと悟った人間の絶望の声であるとも解せられる。啓蒙される自立した個人にたどり着けず、それでも何とか応えようと努力する。しかし、その帰結がいくら頑張っても自律できない自分という存在を露わにするだけだと思い知ったとき、そんな自分は否定的に断罪されてもしょうがないと自暴自棄になってしまう。意図せずとも自立した個人を啓蒙するヒューマニズムの言説には、自律という一点において自己責任だけでなく、自己否定をも価値づける論法が潜んでいる。自立した個人の啓蒙を無限にループする万能の否定論は結果的に多くの人間を非難し、傷つけてしまっているのである。これでは環境に存在する自分を肯定できなくなるばかりであり、自然環境問題の担い手どころか、他者と関係を結べる人間を育てることさえままならない。

近代の自然観において自律や理性を身につけた「人間」は自然にたいし優位な存在と位置づけられてきた。しかし、現実の環境を生きるなかで自律に挫折し、理性の求める状態に到達できないと感じる人間はそれらを啓蒙されるほど、環境における自分の位置づけを揺らがせることになる。拍車をかけるように環境に与える人間の負荷が情報データとして可視化されるとき、環境における人間の位置づけはその存在の重さに耐えきれず、ネガティブなものへと移り変わる。これまで個人を啓蒙することによって市民参加型社会を成熟させ、自然環境問題の解決を図ろうとしてきたが、その限界に向き合うなかで新たな方法が模索されている。

6　環境にやさしいエコシステムの世界

自然を改変するのではなく人間を改造すること

環境にやさしくなるために自立した個人という理想を追い求めて、啓蒙する側も、される側も努力してきた。しかし、もし自立した個人になることが自然のままの人間では実現不可能なら、人間がゴールに向かってエコな存在であるにはどうすればいいのか。「近代の完成」を具現化するには、いくら啓蒙しても「未完」の状態から抜け出すことのできない人間に自律を期待するのは止めにして、「完成」された自己保存に向かうよう設定する方がいい。自然環境問題の解決は環境にやさしくなれる個人の自律を待つのではなく、人間の心身自体を環境にやさしい方向に変えていくことによってより早く、かつ効果的に達成できる（那須ほか 二〇二〇）。それは自律を啓蒙されることに疲弊している人間にとっても渡りに船となっていくだろう。

つまり、環境にやさしい世界の具現化は人間のために自然を改変するのではなく、環境に負荷をかけないよう自然（生態系）のために人間を改造する方法へ移行するということである。ヒューマニズムの科学技術を活かすことで自律した自己のあるべき姿を完成させようとしている。それは「ヨーロッパ」における自律思想の一つの到達点であり、ユートピアである（上柿 二〇二三）。ただし、逆説的だが。例えば、『人間の終わり――バイオテクノロジーはなぜ危険か』でフランシス・フクヤマが指摘するところによると、これまで「左派」は「伝統的なヒューマニズム、環境学的懸念」などからバイオテクノロジーについて反対してきたという。「左派は歴史的にいって、人間を成り立たせるものはおもに社会的要因であるとし、遺伝の役割を過小評価してきた」（フクヤマ 二〇〇二：一八六―一八七頁）。

本章に引き寄せて論じるならば、「伝統的なヒューマニズム」ではテクノロジーの問題はいかに自立した個人によってそれをガバナンスできるかが論点であり、ガバナンスのためには市民の自律が求められる。その前提には個人の自由を保障すれば市民は誰しも自律できるという観方がある。自律の啓蒙と市民社会の成熟によってテクノロジーの問題は解決できると考えられているのである。しかし、ヒューマニズムの理想を啓蒙すればするほどその規律化された自律に応えられない個人は、自律に近づくために科学技術の発展進歩に依存するようになる。遺伝要因、環境要因を克己するためにも改造が容認される。皮肉にも「伝統的なヒューマニズム」が啓蒙を唱えるほどに、それは人間の改良を推進する新たなヒューマニズムの動機となってしまう。自律しなければならないという価値理念が科学技術に先行して人間の改造を促すという逆説がここにはある。

ヒューマニズムという自立した個人になるための価値理念は、現実には良きにつけ悪しきにつけ科学技術の発展進歩と相性良く連動し、人間を自律の啓蒙から解放する。新たなヒューマニズムでポイントとなるのは、従来、論じられてきた精神の優位性、精神の陶冶から自律を目指すのではなく、むしろ、身体の規則性、人間は刺激に反応する身体の機能に規定されるがゆえに、それを活用した環境の設計、及び、身体の改造を試み、理想とされるヒューマニズムを達成しようとしていることである。本章ではそれを身体のヒューマニズムと呼ぶ。

身体のヒューマニズム

身体のヒューマニズムとは、身体を尊重することからヒューマニズムの実現を図るというわけではない。人間は自然のままの身体ではヒューマニズムを実現できないという絶望の帰結として、自ら身体の改造を望むようになることである。身体のヒューマニズムによって人間は自己の精神を陶冶することで成し遂げられるとされてきた自律を目指さなくてもよくなる。身体を改造することで身体自体が自動的に自律型の反応をし、行為を行えるようになれば、自律の駆動源であった精神や人格の陶冶は重要でなくなるからである。身体と精神を切り分け、身体の賢い管理の精度こそが現実的な価値を帯びるようになる（井上 二〇二〇：一〇六–一〇九頁、山本 二〇二三）。賢く管理するために（精神ではなく）身体を科学的に人間らしさという自然から切り離し、自然環境に負荷をかけないよう改造する。自律型に改良し、ヒューマニズムを実現するとき、自然のままの身体は消える。身体のヒューマニズムは人間らしさという自然を必要としなくなることでヒューマニズムを達成できるのである。問題は、どうやってそれを多くの人間に同意してもらうか、だろう。

身体の客体化が進むことでより一層、身体は管理しやすくなる。ヒューマニズムに基づく、ヒューマニズムのための賢い管理が制度設計され、「文化」や「倫理」の「進化」が更にそれを後押しするようになれば、いわゆる人権や平等を無視した管理主義とは本質的に異なる新しいシステムが生成されるだろう。ここにはスチュワードシップから自律の啓蒙思想まで「ヨーロッパ」が理想としてきたあるべき姿の極北がある。つまり、人間が自律するには自然のままの状態では無理だったということである。科学技術の発展進歩と自律の啓蒙思想が行き着くのは、自然のままでは自律できない人間をより良く改造していく世界かもしれない。同様に自然のままの人間では環境に負荷をかけることが可視化される現在、求められるのは脱人間中心主義の具現化である。

エコシステムであるということ

科学技術の発展進歩にたいし、自律の啓蒙は逆に人間を追い詰めることになっている。みてきたように自律できないことを悲観し、自分という存在が自然環境に負荷をかけるエコサイドに加担しているかもしれないと罪悪感を抱く「エコ不安症」も静かに広まっている。本章ではその理由を環境における人間の位置づけの変化にみた。人間が環境に存在することを否定的に捉えないで済む方法はないのだろうか。自然生態系はもとより、社会システムや経済システム、その他人間活動にある様々なシステムを新たにエコシステム（家（エコ）＝地球の管理術）として統合的に管理しようとする観方がある。エコシステムの検討を展開する余裕はないが（ペッパー 一九九四：一四七−一六二頁）、本章ではエコシステムが自然科学分野の生態学だけでなく、テクノロジーの発展進歩を活用したビジネス学、デジタル・エコシステムなどの分野でも用いられるようになっていることを確認しておきたい。そこでは古典的なフリッチョフ・カプラの議論から、エコシステムにおけるプラットフォーマーの責任まで、人間も含めたエコシステムの賢い管理術について述べられている（河村 二〇〇四、イアンシティほか 二〇二三）。エコシステムに特徴的なのは、人間の生体情報はもちろん、あらゆる生態情報を資源化し、環境にもやさしくなれるエコシステムの構築を試みていることである。

エコであることが求められる時代のエコシステムの観方を本章で整理するならば、一つに、環境の問題を人間の問題ではなく、エコシステムの問題と捉えることでこれまで批判されてきた人間中心主義を脱することができる。なぜなら、生態系の一部として新たに位置づけ直される人間は、賢い生態系管理によって他の生物と同様にエコシステムの健全性のなかに包摂されるからである。そこでは人間が環境に与える負荷もエコシステムの問題とみなされ、人間は生態系全体に配慮した賢い管理の一環に組み込まれることになる。二つに、エコであるために人間は自立した個人にならなければならないと啓蒙されてきたが、エコシステムにおける個人は自律を目指さなくてもよい。なぜなら、システム全体の健全性を保つための管理術こそが重要であり、個人の問題はエコシステムを賢く管理するなかでシステムによって解決されるからである。以上のように、生態系の一部として人間を捉えるエコロジーの議論を加速させることで現れるのがエコシステムであり、今後、環境にやさしい世界の構築に向けて、脱人間中心主義のシステムを具現化していくための有力な方法論となっていく恐れがある。そこでは前述の通り、自然のままの人間に自律を求めることはせず、代わりに環境にやさしい自律型へと改良してもらう、身体のヒューマニズムが推奨されるようになるかもしれない。このことは被管理者だけでなく、管理者をも自律の啓蒙という呪縛から解放する。

7　おわりに――エコシステムのエネルギーと環境からの自由

エコシステムの精度を上げ、賢く動かすには、例えば、人工知能にみるように莫大なエネルギーとたくさんの資源が必要となる（中村 二〇二四）。本章で着目するのは電力と情報資源である。エコシステムでは情報が最も価値ある資源となるだろう。その情報を素早く解析し、システムへ最適に反映するには完備されたデータセンター（DC）と安定的な電力供給が欠かせない。エコシステムを地球規模のネットワークとして駆動させるとき、エネルギー、資源の問題は人間ではなくエコシステムのための問題となってくる。そこでは個人が消費するエネルギーより、エコシステムの方が優先され、個人の使うエネルギーはエコの名の下に字義通り省力化される恐れがある（Biz Drive 二〇二四）。なぜなら、個人の健全さはエコシステムの健全性に依存するようになっていくからである。

また、個人は情報資源としてエコシステムが最適解を出すためのエネルギー源とみなされるかもしれない（鳥海ほか 二〇二三）。一つに、人工知能などの学習データに投入するための質的情報資源として。二つに、エコシステムの精度を上げるための大量な量的情報資源として。個人の生体情報がエコシステムの生態情報として資源化され、エネルギー源となり、供給網が整備されていく。環境にやさしい世界とは、エコシステムのために人間の使用するエネルギーが省力化され、エコシステムの健全性を向上させるのに有用な人間のあらゆる情報が資源として暴かれていく世界である。

環境にやさしい世界を唱えることのゴールはどこにあるのだろうか。デジタル・エコシステムにみるように利用者はシステムのもたらす刺激に反応することで「自発的」な没入を体感しており、管理社会、監視社会という批判は容易には当てはまらなくなっている。そこにはポリティカル・エコノミーではなく、アテンション・エコノミーという情報の資源化によって新しい管理術に基づく生態系が生まれている。個人は自ら好んで自己実現、自己保存のためにシステムに身を投げているのである。エコシステムへの登録を済ませ、エコであることが認証された個人の行方。自己実現のために改良して、カスタマイズされた自己保存の具現化をそれぞれが成就するとき、人間はいよいよ個人化し、環境からの自由を切望するだろう。ポール・ゴーギャンはキリスト教の価値観、世界観が発展進歩する近代の歴史を準備したとき、「我々はどこから来たのか 我々は何者か 我々はどこへ行くのか」と画題に込めて問いを発した。だが、脱人間中心の進む世界で私たちが今、問わなければならないのは、我々はどこまで行くのか、である。

* * *

【読書ガイド】

・諸星大二郎「生物都市」『男たちの風景 諸星大二郎特選集 第1集』小学館、二〇一三年〔解題〕生物と無機物の融合によって地球という惑星が一つの集合体になっていく世界を描く傑作。人間がシステムに身を委ねていくことの良し悪しを単純には批判できない、あまりに人間的な帰結がこの作品にはある。

・森下直貴編『生命と科学技術の倫理学』丸善出版、二〇一六年〔解題〕デジタル時代の科学技術が私たちに与える影響を社会システムの総体（全体社会）との連動から多岐にわたり検討しており、今、何を問題とし、どう考えればいいのか、その手がかりを掴むことができる。

・オズワルド・シュミッツ『人新世の科学』日浦勉訳、岩波新書、二〇二二年〔解題〕生態学と環境スチュワードシップをキーワードに展開される「ニュー・エコロジー」の議論によって環境問題のアップデートされた言説を知ることができる。

責任編者解題

今後五〇年間の未来世界において私たち人類が直面する諸課題のうちに、環境に関連するものが含まれることについては、万人が首肯することであろう。しかし、環境に関係することがらがなぜ課題として扱われるのだろうか。それを避けて通ることはどうして許されないのか。

遠く離れた地球とは違う天体にあって、年平均気温がそこで数度上昇したり、大気中の二酸化炭素濃度が数パーセント増えたりするようなことがあったとしても、そのことを指して私たちは環境問題と呼ぶことはない。環境が課題となるのは、そこが私たちが暮らしを営んでいる場所だからであり、環境が変化するということは、それに応じて私たち自身がその生を変化させざるを得なくなることを意味するからである。環境問題は私たちの生から切り離された非当事者的問題として扱われてはならず、環境問題への対処を通じて私たちは、自身の生をどのように構築してゆくべきかという問いに取り組むことになる。本書に収めた四つの論考は、いずれもこの点に深く切り込んだ力作である。

各章を責任編者なりの視点から概観する。上柿崇英氏による第1章「**人類社会と環境の未来――「地球一個分」問題と環境加速主義の時代**」は、環境に注目することを足がかりとして、未来世界に向かう人類の何が変わりつつあり、また何が依然として変わらないでいるかについて掘り起こしている。第1章は単なる環境論や地質時代論の枠を超えた、哲学的人間学の論としての趣を備えている。

環境問題への対処のあり方として上柿氏は脱成長主義、グリーン成長主義、環境加速主義の三つを提示し、これらについて「脱成長主義は敗北して、グリーン成長主義は吸収される形で、環境加速主義こそが勝利を収める」(本書：二一頁)と予想する。ただしこのように予想するものの、上柿氏はこのような未来像を私たちにとって真に好ましいものであるかには留保をつける。むしろこのような未来世界の姿が私たちに描かせ、また進ましめている底流にどのようなものがあるかを本章であぶり出すことを通じて、未来世界について私たちがいま真剣な検討を施すべきことを提案している。

さて、上柿氏がまず提示するのが、「地球一個分」という基準枠である。これは自然生態系が生産する資源の量と浄化する廃棄物の量の総枠を意味する。しかし人類の現状では、「大量に消費される資源の量が自然生態系の生産力を上回り、大量に排出される廃棄物の量が自然生態系の浄化能力を上回」っている(本書：二三頁)。脱成長主義、グリーン成長主義、環境加速主義は、こうした現状と「地球一個分」という基準枠との間に生じる軋轢をめぐる対処の種別と言ってよい。すなわち、上柿氏によれば脱成長主義とは突出した社会経済システムを再び「地球一個分」に埋め戻す試みであり、グリーン成長主義とは「地球一個分」の限界を想定する一方で、国家や国際機関による政策誘導を通じて一定規模での経済成長も実現するという、環境問題の解決と経済成長の両立を目指す試みである。そして環境加速主義とは、自然環境に介入し、自然環境を操作、管理、制御することで、これを社会経済システムに適合するように作り替え、「地球一個分」の容量をむしろ拡充的に改変する試みである。

これら脱成長主義、グリーン成長主義、環境加速主義の三者について上柿氏は、まずグリーン成長主義について、無限に成長し続けることを現在の社会経済システムは前提としており、これを「地球一個分」の枠内に収めることは不可能ではないか、という不可能性の議論にこの主義は真剣に向き合っていないとして、これを斥ける。したがって未来世界にあって、残された選択肢のうちでは、脱成長主義の方向と環境加速主義の方向のいずれを採るべきかの選択を迫られることになるが、上柿氏によれば人類は自身が地球上に登場してから七〇〇万年にわたって自然環境を土台にもう一つの人工的な環境を創りあげ、それを次世代へと継承してゆく営みを続けてきたのであり、そもそも環境加速主義的な側面ははじめから含まれていた。したがって人類登場以来のこの側面を踏まえるのなら、人類が環境加速主義を選択する可能性は十分にあるのだという。

このような流れを推進させる要因として上柿氏が挙げるのが、例えば「人間は、とりわけ理性の力を通じて、さまざまな拘束から自分自身を解放することができる。そして人間の使命とは、そうした力を駆使することで、思い描いた理想の社会をこの地上で具現化していくことにある」（本書：三五頁）と説くヒューマニズムの精神である。その理想を上柿氏は次のように主張する。「それはおそらく、すべての人間が自由や平等、あるいはこれまで繰り返し見てきた、自立、自己決定、自己実現、多様性といった価値理念を決して毀損することなく、互いに究極的な調和を実現している世界である」（本書：二三六頁）。あわせて次のようにも説く。「もしも地球生態系が障害となるなら、地球生態系は作り替えられなければならないし、あるいは身体が障害となるのなら、身体もまた作り替えられなければならない」（本書：三七頁）。

しかしながらこうした方向に歩みを続けることがもたらす結果はどのようなものだろうか。上柿氏はそこに壮大な逆説も潜んでいると主張する。氏が挙げる極端な例は、自由、平等、自己決定、自己実現、多様性といったことを実現するために人が身体をも加工して生命維持装置に繋がれた脳だけとなり、生活の舞台を仮想現実空間の中に移して「思念体」そのものになるというものであるが、環境加速主義の先にこのような未来像が待ち受けているとするならば、果たしてそれが本当に望ましいことかについて真剣に検討してみる必要があることだろう。そしてそれは単に未来について論ずる議論ではなく、人類登場以来の七〇〇万年間の歩みとその方向性について全体的・総合的に検討する重厚な議論を要求することになるだろう。

関陽子氏による第2章「**野生動物倫理——獣害問題から考える**」では、生命は守られるべきで殺してはならないと説く〈生かす倫理〉が、抽象論や暴力的イデオロギーに流れることなく、健全な仕方でもって保持されるためには、どのような観点がそれに伴わなければならないかが論じられる。

関氏は次のように語る。「生きるためには何かを食べなければならないが、「食べもの」は必ず生命をもった他者である。食べるということは、他者を殺し、噛み砕いて自己に同化させる暴力であるが、同時に他者からの抵抗という［暴力］を私が受け取ってしまうことを、野生動物を殺して食べることで初めて知る。しかしこの［暴力］は、他者と私のキズナという愛の契機でもある」（本書：六八頁）。

生きるにあたって生き物への暴力を免れることはできないという不条理に真剣に向き合うために

は、生き物の生命は奪われるべきではないとただ講釈を垂れるばかりでは十分ではない。むしろ関氏は、この不条理を徹底的に味わうことが〈生かす倫理〉を真の意味で賦活することになると説く。「ふとした瞬間さえ、突き刺さるように聞こえてくる――「苦しめるな！」「上手に殺せ！」「ぜったいに美味しく食べろ！」」「おまえが殺した相手を忘れるな！」「決して私を手離すな！」」と。心身に刻まれたキズナから聞こえる声は、新たに別の何かを私が「殺さなければならない」とき、それを本当に殺したとしても、決してその行為を私に肯定的に受け止めさせないであろう」（本書：七〇頁）。このことはまた、「ナイフをイノシシの肉体に刺して裂きながら、「はらわた」をえぐられているのは私のほうなのである」（本書：六八頁）という印象深い言葉でも語られる。

それは、私が殺して喰ったあいつ（野生動物）の声をその後も聞き続け、加えた暴力を「負い目」として抱えつつ生きることであり、そのようにして聞かれる声と「負い目」からは喰らわれ犠牲となった他者を自己の生に活かし、彼らに報いようとする能動的な意志や意欲が生まれてくる。関氏は、このようにして開かれる倫理を〈活かす倫理〉と名づける。しかしこの〈活かす倫理〉も、そこに適切な歯止めがなければ、生き物を殺すことについての免罪符として独り歩きしかねない。

そこで、これら二つの倫理、すなわち〈生かす倫理：いのちを護る〉と〈活かす倫理：いのちに報いる〉はどちらかが絶対的真理であるといったものではなく、審問の機能をもって要請しあう関係にあると関氏は見る。これら二つの倫理の狭間にあって、人間がそのいずれをも絶対化することに「ためらう」とき、いずれかの倫理が狂気を帯びて暴走することが防がれる。「狂気に抵抗できるのは、ただ「ためらっている」という中庸に私たちを係留させる「正気」ではないか」（本書：七二頁）。

このようにして野生動物倫理では、〈生かす倫理〉と〈活かす倫理〉の中庸に人間が立ち、どちらにも絶対的に同化しない態度を取ることが倫理の暴走を防ぐとする。しかし、立ち続けるには強靭な精神力を必要とする。そのためそこから逃避しようとする傾向も顕著となってきたが、それは生命の価値を正しく把握することからの人間の逃避でもある。

戸谷洋志氏による第3章「**原子力と人間の関係——二〇世紀思想史からの問いかけ**」は未来世界における技術と人間の関係性や問題性について、原子力という問題から浮き彫りとなる事柄について論じている。そのために戸谷氏はハイデガー、ヤスパース、アンダース、アーレント、デュピュイといった哲学者たちが核技術や原子力を巡ってどのような発言をしたかに注目する。

戸谷氏によれば原子力を題材にハイデガーはそれに特化した論を展開したというよりもむしろ、原子力を中枢とする現代技術そのものが抱える問題について指摘した。それは人間から「省察する思惟」が奪われて「計算する思惟」が残されるばかりとなり、計算するという仕方でしか物事が思考できなくなる事態に陥ってしまうこと、つまり目先の利益や目算を追求することから離れて物事それ自体を表からも裏からもじっくりと客観的に眺め渡して考察することが失われてしまうことであった。戸谷氏の論考では、基本的にこの「省察する思惟」の喪失回避と復権のためにどのような提言を哲学者たちが行ったかが紹介されている。具体的には論中で管轄的思考の限界（ヤスパース）、プロメテウス的落差（アンダース）、市民として議論に参加すること（アーレント）、回避された破局を現実的なものとして想像すること（デュピュイ）などが例示される。

これらの提言を一通り見渡した上で看取されるのは、原子力という事象が有しているその非日常さである。核分裂反応は太陽など基本的に地球外の領域で起こっているものであり、それは地球上という身近な自然界において目にすることができる現象ではない。また、核技術が有する威力はそれをコントロールする人間の能力をはるかに超えた大きさのものである。さらに、核戦争や原子力災害の発生は人類の絶滅につながり得るものであるが、みずからの絶滅をも視野に含めて議論することは私たちにとって大きな苦痛であり、また想像力の限界を超えることであり、議論にみずから参加するよりもこれを専門家に委ねて傍観することを選びがちとなる。

かくして原子力に対して私たちは沈黙し思考停止することとなるが、戸谷氏によればそれこそが原子力の問題が抱える根本的な危険性であるということになる。そこにあるのは、すべての人を脅威にさらすような巨大な危機が口を開け続けているにもかかわらず、誰もその危機に対処する当事者たろうとしないという恐るべき無関心の構図にほかならない。しかもこのようにしてあぶり出された無関心の構図については、これをひとり原子力の場面に限って見出すわけではなく、現代社会にあって類似した事例を私たちの周囲において既に幾つも容易に認めることができるようになってはいないだろうか。

増田敬祐氏による第4章「**環境にやさしい世界とは何か——環境における人間の位置づけの変化とエコの管理術**」は、エコという語をその語源にまでさかのぼり、それが「家」の管理術という意味合いであったことを明らかにした上で、生態系を「家」として捉えた場合、そこにおいて求められる未来の管理術とはいかなるものであるかについて論じている。増田氏によれば、そのことを通じて私たちは人間中心主義を捨て、自律の夢をあきらめ、生態系全体に配慮したエコシステムによって管理されるものとなるかもしれない。

人類が存在することは地球環境にとって負荷となることではないか。場合によっては生態系の大量破壊をもたらしてしまうのではないか。危機を回避するにはどうしたらよいか。こうした問いかけについて増田氏は、生態系全体を賢く管理するのに必要となるのはどのようなことかと探求する。増田氏によれば、自然科学を発達させ、生態系全体について詳しく把握する生態学を確立することは、そのための必須の前提となる。その上で、生態学の知識を利用して生態系全体を管理しようとする場合、管理者として人間をその役に据えることが果たして適切であるかが問われることになるという。

「「人間」には神（God）から信託された環境（資源）を賢く管理する責任がある」（本書：一五〇頁）とするユダヤ－キリスト教以来の人間の位置づけと、現状の経済システムや地球環境破壊の有様とをともながらに眺め、この使命を背負う者として人間がその資格をはたして十分に有しているかと自省してみれば、是と言い切れるほどの自信が私たちにあるわけではない。使命に応えられないのではないかという不安は、現代の人々にエコ不安症を引き起こさせてもいる。かくして人間に代わって、完備されたデータセンターと地球規模のネットワークによるエコシステムに管理者としての役割が譲られることも検討されることになる。もちろんその場合、エコシステムは生態系全体を賢く管理する管理者として、人間を生態系から排除することなくやさしく管理するものでなければならない。

しかしそれは、人間が自律を放棄すること、すなわち選択の自由を得て内面的自主性を確保した自立した個人となることを放棄することでもある。こうした価値意識の追求をヒューマニズムと呼ぶのであれば、エコシステムによる管理を受け容れることは、いかにそれがやさしい管理であろうとも、未来世界の私たちにヒューマニズム的人間像の放棄を要求することになる。人間像だけでなく、政治や社会や経済のあり方、あるいは人間の身体についても、エコシステムは生態系全体を賢く管理する観点から変更を要求してくるかもしれない。

既に第1章において、ヒューマニズム的価値の徹底的追求が環境と人間身体の積極的改変に至るとする議論を見たが、第4章の議論からは、人間がヒューマニズム的価値の追求を放棄してエコシステムによる管理を受け容れる未来に進んだとしても、そこにはやはり人間改変の可能性が潜んでいることを見たことになる。第2章で見たのは、他者の身体を喰らうことによって人間の身体は維持されているという人間としての現実に徹底することが、実は生き物を殺してはならないと説く基本的な倫理の独り歩きを防ぎ、むしろこれに有効な適用範囲と説得力を付与しているということであった。第3章の議論からは、原子力の問題を抱えながら未来世界に進むためには、私たち一人ひとりが市民として積極的に議論に参加することが欠かせないということを見た。このように、環境について論じるということは、環境単体を見ればそれで済むということには収まらず、そこにおいて生きる私たちがそこからどのような生を選択するかという主体的論点を必然的に含む。環境問題が突きつけてくるのはまさしく「人間とは何か」という哲学的な問題にほかならない。

引用・参照文献

第1章

・上柿崇英『〈自己完結社会〉の成立――環境哲学と現代人間学のための思想的試み』上・下、農林統計出版、二〇二一年
・上柿崇英「持続可能性は何を持続させるのか――「地球1個分」をめぐって環境哲学的に考える」『環境配慮型材料』AndTech、第4巻、七七‐八六頁、二〇二二年
・上柿崇英「「ポストヒューマン時代」と「ヒューマニズム」の亡霊――「ポストモダン」／「反ヒューマニズム」状況下における「自己決定する主体」の物語について」『総合人間学』総合人間学会、第17号、三四‐六三頁、二〇二三a年
・上柿崇英「「エコ」なき時代の環境思想とその行方――エコロジー、人新世、ポストヒューマンが映し出す「地球1個分」問題と「脱生体化」問題について」『環境思想・教育研究』環境思想・教育研究会、第16号、二〇二三b年
・上柿崇英「世界観としての「思念体」とその構造――メタバース、ヒューマノイドが拓く新しい世界観と「脱身体化」の未来について」『共生社会システム研究』共生社会システム学会、第17巻、第1号、二〇二四年
・海上知明『環境思想――歴史と体系』NTT出版、二〇〇五年
・小原秀雄『現代ホモ・サピエンスの変貌』、朝日選書、二〇〇〇年
・小原秀雄監修／阿部治、R・エバノフ、鬼頭秀一解説『環境思想の出現（環境思想の系譜1）』東海大学出版会、一九九五年
・斎藤幸平『人新世の「資本論」』集英社新書、二〇二〇年
・杉山昌広『気候工学入門――新たな温暖化対策ジオエンジニアリング』日刊工業新聞社、二〇一一年
・増田敬祐「存在の耐えきれない重さ――環境における他律の危機について」『現代人間学・人間存在論研究』大阪府立大学環境哲学・人間学研究所、第4号、三一三‐三七八頁、二〇二〇年
・吉田健彦『メディオーム――ポストヒューマンのメディア論』共和国、二〇二一年

・G・カリス、S・ポールソン、G・ダリサ、F・デマリア『なぜ、脱成長なのか――分断・格差・気候変動を乗り越える』上原裕美子、保科京子訳、NHK出版、二〇二一年
・J・グレイ『わらの犬――地球に君臨する人間』池央耿訳、みすず書房、二〇〇九年
・T・コスティゲン『地球をハックして気候危機を解決しよう――人類が生き残るためのイノベーション』穴水由紀子訳、インターシフト、二〇二二年
・N・スルニチェク&A・ウィリアムズ「加速派政治宣言」水嶋一憲、渡邊雄介訳『現代思想』青土社、第46巻1号、一七六―一八六頁、二〇一八年
・S・ディクソン＝デクレーブほか『Earth for All 万人のための地球――『成長の限界』から50年 ローマクラブ新レポート』武内和彦監訳／ローマクラブ日本監修／森秀行、高橋康夫ほか訳、丸善出版、二〇二二年
・H・E・デイリー『持続可能な発展の経済学』新田功、藏本忍、大森正之訳、みすず書房、二〇〇五年
・R・B・ノーガード『裏切られた発展――進歩の終わりと未来への共進化ビジョン』竹内憲司訳、勁草書房、二〇〇三年
・R・ボイド&J・B・シルク『ヒトはどのように進化してきたか』松本晶子、小田亮訳、ミネルヴァ書房、二〇一一年
・C・ボヌイユ&J＝B・フレソズ『人新世とは何か――〈地球と人類の時代〉の思想史』野坂しおり訳、青土社、二〇一八年
・C・ポンティング『緑の世界史』上、石弘之、京都大学環境史研究会訳、朝日選書、一九九四年
・G・G・マーティン『ヒューマン・エコロジー入門――持続可能な発展へのニュー・パラダイム』天野明弘監訳／関本秀一訳、有斐閣、二〇〇五年
・J・ユクスキュル&G・クリサート『生物から見た世界』日高敏隆、羽田節子訳、岩波文庫、二〇〇五年
・S・ラトゥーシュ『脱成長』中野佳裕訳、文庫クセジュ、白水社、二〇二〇年
・N・ランド『暗黒の啓蒙書』五井健太郎訳、講談社、二〇二〇年
・J・ロックストローム&M・クルム『小さな地球の大きな世界――プラネタリー・バウンダリーと持続可能な開発』武内和彦、石井菜穂子監修／谷淳也、森秀行ほか訳、丸善出版、二〇一八年

・M・ワケナゲル&W・リース『エコロジカル・フットプリント――地球環境持続のための実践プランニング・ツール』和田喜彦監訳・解説／池田真理訳、合同出版、二〇〇四年
・Global Footprint Network（https://data.footprintnetwork.org/）
・E. Elhacham, L. Ben-Uri, J. Grozovski, et al., Global human-made mass exceeds all living biomass, *Nature*, volume 588, pp. 442–444, 2020.
・R. Mackay, A. Avanessian, *#Accelerate: The Accelerationist Reader*, Urbanomic, 2014.
・N. Srnicek, A. Williams, *Inventing the Future: Postcapitalism and a World Without Work*, Verso, 2015.

第2章

・伊勢田哲治「動物福祉の論理と動物供養の倫理」野林厚志編『肉食行為の研究』平凡社、二〇一八年
・内田樹『ためらいの倫理学――戦争・性・物語』角川文庫、二〇〇三年
・大林宣彦『大林宣彦 戦争などいらない――未来を紡ぐ映画を』平凡社、二〇一八年
・尾関周二『環境思想と人間学の革新』青木書店、二〇〇七年
・亀山純生『環境倫理と風土――日本的自然観の現代化の視座』大月書店、二〇〇五年
・河上睦子『宗教批判と身体論――フォイエルバッハ中・後期思想の研究』御茶の水書房、二〇〇八年
・鬼頭秀一『自然保護を問いなおす――環境倫理とネットワーク』ちくま新書、一九九六年
・九鬼周造『「いき」の構造 他二篇』岩波文庫、一九七九年
・熊坂元大「『動物のいのち』におけるエリザベス・コステロの振る舞いから考える交感と受傷性の倫理」『環境思想・教育研究』環境思想・教育研究会、第10号、一三六―一四三頁、二〇一七年
・佐藤喜和『アーバン・ベア――となりのヒグマと向き合う』東京大学出版会、二〇二一年
・関陽子「環境哲学・倫理学からみる「鳥獣被害対策」の人間学的意義――〈いのち〉を活かしあう社会のために」上柿崇英、尾関周二編『環境哲学と人間学の架橋――現代社会における人間の解明』世織書房、二〇一五年
・戸谷洋志『ハンス・ヨナスの哲学』角川文庫、二〇二二年
・森田勝昭『鯨と捕鯨の文化史』名古屋大学出版会、一九九四年
・福岡伸一『生物と無生物のあいだ』講談社現代新書、二〇〇七年

・A・カミュ『ペスト』中条省平訳、光文社古典新訳文庫、二〇二一年
・P・シンガー『動物の解放［改訂版］』戸田清訳、人文書院、二〇一一年
・J・ハーバーマス『討議倫理』清水多吉、朝倉輝一訳、法政大学出版局、二〇〇五年
・H・ヨナス『責任という原理：科学技術文明のための倫理学の試み』加藤尚武監訳、東信堂、二〇〇〇年
・H・ヨナス『生命の哲学：有機体と自由［新装版］』細見和之、吉本陵訳、法政大学出版局、二〇一四年
・T・レーガン『動物の権利・人間の不正――道徳哲学入門』井上太一訳、緑風出版、二〇二二年

第3章

・アーレント、ハンナ『アーレント政治思想集成2――理解と政治』ジェローム・コーン編／齋藤純一、山田正行、矢野久美子訳、みすず書房、二〇〇二年
・アーレント、ハンナ『過去と未来の間――政治思想への8試論』引田隆也、齋藤純一訳、みすず書房、一九九四年
・アレント、ハンナ『人間の条件』志水速雄訳、ちくま学芸文庫、一九九四年
・アレント、ハンナ『政治の約束』ジェローム・コーン編／高橋勇夫訳、ちくま学芸文庫、二〇一八年
・アンダース、ギュンター『時代おくれの人間・上――第二次産業革命時代における人間の魂』青木隆嘉訳、法政大学出版局、一九九四a年
・アンダース、ギュンター『時代おくれの人間・下――第三次産業革命時代における生の破壊』青木隆嘉訳、法政大学出版局、一九九四b年
・アンデルス、ギュンター&イーザリー、クロード『ヒロシマわが罪と罰――原爆パイロットの苦悩の手紙』篠原正瑛訳、ちくま文庫、一九八七年
・デュピュイ、ジャン＝ピエール『ツナミの小形而上学』嶋崎正樹訳、岩波書店、二〇一一年
・デュピュイ、ジャン＝ピエール『チェルノブイリ ある科学哲学者の怒り――現代の「悪」とカタストロフィー』永倉千夏子訳、明石書店、二〇一二a年
・デュピュイ、ジャン＝ピエール『ありえないことが現実になるとき――賢明な破局論にむけて』桑田光平、本田貴久訳、筑摩書房、二〇一二b年
・ハイデッガー、マルティン『放下』辻村公一訳、理想社、一九六三年

・ハイデッガー、マルティン『技術への問い』関口浩訳、平凡社、二〇〇九年
・ヤスパース、カール『現代の精神的課題』草薙正夫編、新潮社、一九五五年
・ヤスパース、カール『真理・自由・平和』斎藤武雄訳、理想社、一九六六年
・ヤスパース、カール『現代の政治意識：原爆と人間の将来』上、飯島宗享ほか訳、理想社、一九七一a年
・ヤスパース、カール『現代の政治意識：原爆と人間の将来』下、飯島宗享ほか訳、理想社、一九七一b年

第4章

・イアンシティ、マルコ&ラカーニ、カリム・R『AIファースト・カンパニー』吉田素文監訳、英知出版、二〇二三年
・井上雅人『ファッションの哲学』ミネルヴァ書房、二〇二〇年
・イングルハート、ロナルド『文化的進化論』山﨑聖子訳、勁草書房、二〇一九年
・上柿崇英「「ポストヒューマン時代」と「ヒューマニズム」の亡霊――「ポストモダン」／「反ヒューマニズム」状況下における「自己決定する主体」の物語について」『総合人間学』総合人間学会、第17号、二〇二三年
・上田豊甫、赤間美文『ハンディー版 環境用語辞典 第3版』共立出版、二〇一〇年
・宇田進編『新キリスト教辞典』いのちのことば社、一九九一年
・オースター、ドナルド『ネイチャーズ・エコノミー』中山茂、吉田忠、成定薫訳、リブロポート、一九八九年
・大塚柳太郎、河辺俊雄、高坂宏一、渡辺知保、阿部卓『人類生態学 第2版』東京大学出版会、二〇一二年
・長有紀枝編著『スレブレニツァ・ジェノサイド』東信堂、二〇二〇年
・カーボン・アルマナック・ネットワーク、セス・ゴーディン編『THE CARBON ALMANAC 気候変動パーフェクト・ガイド』宮本寿代訳／平田仁子監修、日経ナショナルジオグラフィック、二〇二二年
・ガフニー、オーウェン&ロックストローム、ヨハン『地球の限界』戸田早紀訳、河出書房新社、二〇二二年
・鎌田遵『「辺境」の誇り』集英社新書、二〇一五年
・河村厚「企業の環境対策とエコロジー」田中朋弘、柘植尚則編『ビジネス倫理学』ナカニシヤ出版、二〇〇四年
・川本隆史「応用倫理学への／からの転換」川本隆史、高橋久一郎編『応用倫理学の転換』ナカニシヤ出版、二〇〇〇年

・キャリコット、J・ベアード『地球の洞察』山内友三郎、村上弥生監訳、みすず書房、二〇〇九年（J. Baird Callicott, *Earth's Insights*, University of California Press, 1997.）
・クラーク、ロバート『エコロジーの誕生』工藤秀明訳、新評論、一九九四年
・クルツナリック、ローマン『グッド・アンセスター』松本紹圭訳、あすなろ書房、二〇二一年
・グレイ、ジョン『わらの犬』池央耿訳、みすず書房、二〇〇九年
・河野茂総監修『プラネタリーヘルス』長崎大学監訳、丸善出版、二〇二三年
・河野哲也「人口と集中を抑制する新しい文化について」『哲学』日本哲学会、第71号、二〇二〇年
・斎藤修『環境の経済史』岩波書店、二〇一四年
・佐野敦子「リプロダクティブ・ヘルス／ライツの尊重とAI」『AIから読み解く社会』東京大学B'AIグローバル・フォーラム、板津木綿子、久野愛編、東京大学出版会、二〇二三年
・シュミッツ、オズワルド『人新世の科学』日浦勉訳、岩波新書、二〇二二年
・杉山吉弘「エコノミー概念の系譜学序説」『札幌学院大学人文学会紀要』札幌学院大学総合研究所、第97号、二〇一五年
・須藤自由児「自然保護・エコファシズム・社会進化論」川本隆史、高橋久一郎編『応用倫理学の転換』ナカニシヤ出版、二〇〇〇年
・ダイアモンド、ジャレッド『文明崩壊』上、楡井浩一訳、草思社文庫、二〇一二年（Jared Diamond, *Collapse*, Penguin Books, 2011.）
・鳥海不二夫、山本龍彦『デジタル空間とどう向き合うか』日本経済新聞出版、二〇二二年
・S・ディクソン＝デクレーブ、O・ガフニー、J・ゴーシュ、J・ランダース、J・ロックストローム、P・E・ストックネス『Earth for All 万人のための地球』武内和彦監訳、丸善出版、二〇二二年
・中西嘉宏『ロヒンギャ危機』中公新書、二〇二一年
・那須耕介、橋本努編著『ナッジ!?』勁草書房、二〇二〇年
・ニュートン別冊『Chat GPTの未来』ニュートンプレス、二〇二四年
・パウエル＝ウィルソン・ジョージーナ『これってホントにエコなの？』吉田綾監訳、東京書籍、二〇二一年

・パスモア、ジョン『自然に対する人間の責任』間瀬啓允訳、岩波書店、一九九八年
・日立東大ラボ編著『Society 5.0のアーキテクチャ』日本経済新聞出版、二〇二三年
・フクヤマ、フランシス『人間の終わり』鈴木淑美訳、ダイヤモンド社、二〇〇二年
・藤代裕之編著『フェイクニュースの生態系』青弓社、二〇二一年
・藤田久一『戦争犯罪とは何か』岩波新書、一九九五年
・ブラムウェルア、アンナ『エコロジー』金子務監訳、河出書房新社、一九九二年
・古川久雄『植民地支配と環境破壊』弘文堂、二〇〇一年
・ペッパー、デイヴィット『環境保護の原点を考える』柴田和子訳、青弓社、一九九四年
・ヘフィントン、ペギー・オドネル『それでも母親になるべきですか』鹿田昌美訳、新潮社、二〇二三年
・ボイル、マーク『モロトフ・カクテルをガンディーと』吉田奈緒子訳、ころから、二〇二〇年
・ホワイト、リン『機械と神』青靖三訳、みすず書房、一九九九年
・南博、稲葉雅紀『SDGs』岩波書店、二〇二〇年
・矢原徹一、鷲谷いづみ『保全生態学入門』改訂版、文一総合出版、二〇二三年
・山本龍彦「個人化される環境」『〈超個人主義〉の逆説』弘文堂、二〇二三年
・米本昌平『地球環境問題とは何か』岩波書店、一九九四年
・レーガン、トム「動物の権利の擁護論」『リーディングス環境 第2巻 権利と価値』淡路剛久、川本隆史、植田和弘、長谷川公一編、有斐閣、二〇〇六年
・J・ロックストローム&M・クルム『小さな地球の大きな世界』武内和彦、石井菜穂子監修／谷淳也、森秀行ほか訳、丸善出版、二〇一八年

外国語参考文献

・Higgins, Polly, *Dare to Be Great*, The History Press, 2020.
・Higgins, Polly, *Eradicating Ecocide*, 2nd Edition, Shepheard Walwyn, 2015.

Webサイト

・BizDrive〝ＡＩが奪うのは仕事ではなく電力？：生成ＡＩのエネルギー事情〟BizDrive. 2024.02.09. https://business.ntt-east.co.jp/bizdrive/column/post_217.html（二〇二四年三月三日アクセス）

●責任編者・執筆者紹介●

※［ ］内は執筆担当部分

【責任編者】

水野友晴（みずの・ともはる） 関西大学文学部総合人文学科教授。京都大学大学院文学研究科博士後期課程研究指導認定退学。博士（文学）。研究テーマは西田幾多郎、鈴木大拙を中心とする日本近代哲学、宗教哲学、比較思想。著作に『「世界的自覚」と「東洋」—西田幾多郎と鈴木大拙』(こぶし書房)、『道徳教育の変遷・展開・展望』(共著、学文社)、『共同研究 共生—そのエトス、パトス、ロゴス』(共著、こぶし書房)など［責任編者解題］

【執筆者】

上柿崇英（うえがき・たかひで） 大阪公立大学大学院現代システム科学研究科准教授。東京農工大学連合農学教育部修了。博士（学術）。研究テーマは、環境哲学および現代人間学。著作に『〈自己完結社会〉の成立—環境哲学と現代人間学のための思想的試み(上巻・下巻)』(農林統計出版)、『環境哲学と人間学の架橋—現代社会における人間の解明』(共編、世織書房)など［第1章］

関 陽子（せき・ようこ） 長崎大学環境科学部教授。東京農工大学大学院連合農学研究科博士課程修了。博士（農学）。研究テーマは、環境哲学、環境倫理学。著作に『「環境を守る」とはどういうことか—環境思想入門』(共著、岩波書店)、『環境哲学と人間学の架橋—現代社会における人間の解明』(共著、世織書房)など［第2章］

戸谷洋志（とや・ひろし） 立命館大学大学院先端総合学術研究科准教授。大阪大学大学院文学研究科博士課程修了。博士（文学）。関西外国語大学准教授などを経て現職。研究テーマは世代間倫理、技術哲学、現代ドイツ思想。著作に『ハンス・ヨナス 未来への責任—やがて来る子どもたちのための倫理学』(慶應義塾大学出版会)、『スマートな悪—技術と暴力について』(講談社)、『未来倫理』(集英社)など［第3章］

増田敬祐（ますだ・けいすけ） 東京農業大学国際食料情報学部非常勤講師。東京農工大学大学院連合農学研究科博士課程修了。博士（農学）。研究テーマは、環境倫理学、人間存在論。著作に『風土的環境倫理と現代社会—〈環境〉を生きる人間存在のあり方を問う』(編著、農林統計出版)、『自然といのちの尊さについて考える—エコ・フィロソフィとサステイナビリティ学の展開』(編著、ノンブル社)など［第4章］

ら 行

な　行

は　行

ま　行

や　行

さ 行

た 行

索　引

略　語

あ　行

か　行

《未来世界を哲学する・第1巻》
環境と資源・エネルギーの哲学

令和6年9月30日　発　行

責任編者　水　野　友　晴

発行者　池　田　和　博

発行所　丸善出版株式会社
〒101-0051 東京都千代田区神田神保町二丁目17番
編集：電話(03)3512-3264／FAX(03)3512-3272
営業：電話(03)3512-3256／FAX(03)3512-3270
https://www.maruzen-publishing.co.jp

組版印刷・製本／藤原印刷株式会社

ISBN 978-4-621-30984-1 C 1310　　Printed in Japan

《未来世界を哲学する・全12巻》刊行にあたって

日本を含めて二一世紀の人類社会は、前世紀から引き続くグローバル化や、地球温暖化、デジタル化、人口高齢化などによって、経済・共同・公共・文化のあらゆる領域で大きく変容し、従来の思考の枠組みでは対応できないような課題群に直面しています。

いま、哲学・思想に関わる人文学・社会科学系の研究者に求められているのは、理系・技術系の分野と融合しながら、三〇年後、五〇年後の未来を見据えつつ、そうした課題群に対して大局的かつ根本的に挑戦し、人類社会の進むべき方向を指し示すことではないでしょうか。

本シリーズは、次世代を担う若手・中堅の研究者を積極的に起用し、たんなる理論の紹介ではなく、時代の要請に応える生きた思想を尖った形で提示してもらうことで、高校生から大学生や一般の人々にとって、それらが未来世界を考え生きるためのヒントになってくれることを目指しています。

丸善出版では二〇〇二年から数年かけて「現代社会の倫理を考える」全17巻を刊行しました。本シリーズはその後継になりますが、前記の目標を達成するために、課題群に対応した全巻の構成、各章の設定、執筆者の選定、原稿の査読に関して編集委員会が一貫した責任をもつとともに、各巻を少数精鋭の四人で執筆し、それに論点を整理した解題を付けるという点に、前シリーズとも類書とも異なる特徴があります。

〔編集委員会〕 森下直貴(委員長)、美馬達哉、神島裕子、水野友晴、長田 怜